Gary Sherman & Noureddine Farah

Le guide du programmeur PyQGIS

Extension de QGIS 3.x avec Python 3

**LOCATE
PRESS**

Crédits et droits d'auteur

LE GUIDE DU PROGRAMMEUR PyQGIS
EXTENSION DE QGIS 3.x AVEC PYTHON 3

Gary Sherman & Noureddine Farah

Publié par Locate Press Inc.

Adressez vos demandes d'autorisation à info@locatepress.com ou
par courrier :
Locate Press, Suite 126, B102 5212 - 48 ST.,
Red Deer, AB, Canada, T4N 7C3

Rédacteur en chef Gary Sherman
Traduit par Noureddine Farah
Conception de la couverture Julie Springer
Site web du livre https://locatepress.com/book/ppg3-fr

Table des matières

Table des figures

Listings

1 *Préface*

QGIS est en constante évolution depuis plus de vingt ans. Avec la publication de QGIS 3, le support de Python 2.x est déprécié. Python 3.x est maintenant la version supportée et le support de Qt4 a été abandonné au profit de Qt5

Qu'est-ce que cela signifie pour vous en tant que développeur PyQ-GIS ?

— Si vous débutez, vous n'aurez pas à oublier ce que vous avez appris
— Si vous avez des scripts et/ou des plugins PyQGIS existants, vous devrez les migrer vers Python 3.x et Qt5.

De nombreux livres et documents sont disponibles pour faciliter la migration de Python 2 à Python 3. Nous vous proposerons quelques ressources et exemples pour vous aider à démarrer.

Si vous avez déjà travaillé avec PyQGIS, il serait judicieux d'ajouter à vos favoris la page *Backwards Incompatible Changes* , où vous trouverez toutes les ruptures d'API répertoriées.[1]

Préparez-vous à passer au niveau supérieur de productivité avec QGIS !

1. https://qgis.org/api/api_break.html

2 *Introduction*

Bienvenue dans le monde de PyQGIS, l'union de Python et QGIS pour étendre et améliorer votre boîte à outils SIG open source. Avec PyQGIS, vous pouvez écrire des scripts et des plugins pour implémenter de nouvelles fonctionnalités et effectuer des tâches automatisées.

Ce livre vous guidera dans la prise en main de PyQGIS. Après une brève introduction à Python 3, vous apprendrez à maîtriser l'interface de programmation (API) de QGIS, à écrire des scripts et à créer un plugin.

Il est conçu pour vous permettre de travailler avec des exemples au fur et à mesure. À la fin de la plupart des chapitres, vous trouverez une série d'exercices que vous pourrez faire pour renforcer votre apprentissage.

2.1 *Pré-requis*

Pour apprendre PyQGIS dans de bonnes conditions, vous avez besoin de plusieurs outils :

Avec QGIS 3.0, vous devez utiliser Python 3.x.

— Une installation fonctionnelle de QGIS 3.0 sur Linux, Mac ou Windows.
— Python 3.x
— Qt5[2]
— PyQt5[3]

2. `https://loc8.cc/ppg/qt`
3. `https://qt-project.org`

2.2   *Exemples de données et de code source*

Pour travailler sur les exemples du livre, vous aurez besoin de certaines données. Pour les données vectorielles, il est préférable d'utiliser les données utilisées dans le livre. Vous pouvez télécharger l'échantillon de données vectorielles et le code à l'adresse suivante :

```
https://locatepress.com/ppg3/data_code
```

Décompressez le fichier .zip dans un dossier facile à localiser.

Pour les couches raster, téléchargez un des raster "Natural Earth" disponibles à l'adresse suivante :

```
https://loc8.cc/ppg/natural_earth
```

Note : Les raster "Natural Earth" peuvent être assez volumineux

Nous avons renommé le `.tif` téléchargé en `natural_earth.tif` et nous y ferons référence de cette façon dans le texte.

Si vous êtes familier avec les données vectorielles et raster, n'hésitez pas à utiliser vos propres données et à adapter les commandes/exemples en conséquence.

Tous les exemples de code de ce livre sont contenus dans le fichier téléchargé.

Nous vous encourageons à travailler sur les exemples de manière autonome, mais n'hésitez pas à faire des copier-coller.

2.3   *Conventions utilisées dans ce livre*

En général, les URL sont raccourcies en utilisant le domaine `loc8.cc`. L'exception est lorsque l'URL pointe vers un domaine de premier niveau ou vers un site qui ne risque pas de changer. Cela nous permet de maintenir le livre à jour lorsque les sites changent ou réorganisent leur contenu.

Ce livre contient des exemples de code source, des sessions interactives Python, et des notes/conseils. La convention pour chacun de ces éléments est illustrée ci-dessous :

Exemples de code source :

Les exemples de code source sont présentés dans une police de largeur fixe et peuvent ou non inclure des numéros de lignes :

```
1    """
2    ScriptRunner est la classe principale du plugin qui initialise le plugin
3    QGIS, initialise l'interface graphique et effectue le travail.
4    """
5
6    def __init__(self, iface):
7        """
8        Enregistrer la reference a l'interface QGIS
9        """
10       self.iface = iface
```

Sessions de la console Python :

Les lignes saisies dans une session interactive (quelque chose que vous avez tapé) sont précédées par l'invite >>>. Les lignes indentées dans un bloc sont précédées de ... et la sortie de l'interpréteur est affichée sans caractères de tête :

```
>>> my_list = ['nord', 'sud', 'est', 'ouest']
>>> my_list[1]
'sud'
>>> for d in my_list:
...     print(d)
...
nord
sud
est
ouest
```

Notes/astuces :

Cette icône est utilisée pour indiquer une note ou un conseil utile.

2.4   Votre premier essai avec PyQGIS

Commençons tout de suite par un premier exemple d'utilisation de PyQGIS. Pour ce premier essai, nous allons utiliser la console Python dans QGIS pour manipuler la vue. Tout d'abord, nous avons besoin d'une couche avec laquelle travailler et nous supposons que vous avez téléchargé les données d'exemple.

Ouvrez QGIS et chargez le fichier world_borders.shp en utilisant le menu Ajouter une couche vectorielle ou *Panneau Explorateur*.

La première chose que nous devons faire est d'ouvrir la console Python en choisissant Extensions->Console Python dans le menu. Cela produit une fenêtre qui ressemble beaucoup à une fenêtre de commande ou de terminal avec une invite.

Pour cette expérience, nous allons utiliser les méthodes (pensez fonctions) définies par la classe QgisInterface :

— zoomFull()
— zoomToPrevious()
— zoomToNext()
— showAttributeTable()
— showLayerProperties()

Lorsque vous ouvrez la console, il existe une astuce pour obtenir de l'aide sur l'utilisation de l'objet iface. En utilisant la fonction intégrée help, vous pouvez obtenir une liste des méthodes et fonctions définies dans la classe QgisInterface :

```
help(iface)
Help on QgisInterface in module qgis._gui object:

class QgisInterface(PyQt5.QtCore.QObject)
 |  QgisInterface()
 |  Constructor
 |
 |  QgisInterface
 |  Abstract base class defining interfaces exposed by QgisApp and
 |  made available to plugins.
 |
 |  Only functionality exposed by QgisInterface can be used in plugins.
 |  This interface has to be implemented with application specific details.
 |
 |  QGIS implements it in QgisAppInterface class, 3rd party applications
 |  could provide their own implementation to be able to use plugins.
 |
 |  Methods defined here:
 |
 |  actionAbout(...)
 |      actionAbout(self) -> QAction
 |
 |  actionAddAfsLayer(...)
 |      actionAddAfsLayer(self) -> QAction
 |
```

```
|     Get access to the native Add ArcGIS FeatureServer action.
|
|  actionAddAllToOverview(...)
|      actionAddAllToOverview(self) -> QAction
|
...
|  zoomFull(...)
|      zoomFull(self)
|      Zoom to full extent of map layers
|
|  zoomToActiveLayer(...)
|      zoomToActiveLayer(self)
|      Zoom to extent of the active layer
|
|  zoomToNext(...)
|      zoomToNext(self)
|      Zoom to next view extent
|
|  zoomToPrevious(...)
|      zoomToPrevious(self)
|      Zoom to previous view extent
...
```

Nous n'avons listé que quelques-unes des fonctions supportées par iface. Plus tard, nous examinerons une autre façon d'obtenir ces informations en utilisant la documentation en ligne de l'API QGIS.

Manipulation de la vue

Utilisons iface pour manipuler la vue. Avec la souris, zoomez dans n'importe quelle zone du monde que vous voulez. Maintenant, nous allons utiliser la console pour revenir à la vue complète :

```
iface.zoomFull()
```

Lorsque vous appuyez sur la touche "Entrer", la carte est dézoomée jusqu'à l'étendue totale de la couche world_borders.

Maintenant, essayez :

```
iface.zoomToPrevious()
```

Cela nous ramène à la vue précédente, qui se trouve être la zone sur laquelle vous avez zoomé avec la souris. Si vous essayez iface.zoomToNext(), vous verrez que cela donne le même résultat que iface.zoomFull().

Utilisation de la couche active

Pour illustrer quelques autres méthodes, nous allons ouvrir la table des attributs et la boîte de dialogue des propriétés de la couche active. Tout d'abord, nous devons obtenir une référence à la couche active. Assurez-vous que la couche world_borders est sélectionnée dans le *Panneau Couches*, puis dans la console, exécutez :

```
active_layer = iface.activeLayer()
```

Une fois que nous avons une référence à la couche active, nous pouvons utiliser ce qui suit pour ouvrir à la fois sa table d'attributs et les propriétés de la couche :

```
iface.showAttributeTable(active_layer)
iface.showLayerProperties(active_layer)
```

Voici à quoi ressemble la session complète de la console :

```
Python Console
Use iface to access QGIS API interface or Type help(iface) for more info
>>> iface
<qgis._gui.QgisInterface object at 0x7fba6c174798>
>>> iface.zoomFull()
>>> iface.zoomToPrevious()
>>> iface.zoomToNext()
>>> active_layer = iface.activeLayer()
>>> active_layer
<qgis._core.QgsVectorLayer object at 0x7fbac4cd48b8>
>>> iface.showAttributeTable(active_layer)
<PyQt5.QtWidgets.QDialog object at 0x7fbac4cd4ca8>
>>> iface.showLayerProperties(active_layer)
```

Vous avez peut-être remarqué que certaines suggestions apparaissent lors de la saisie dans la console. Par exemple, lors de l'ouverture de la table attributaire ceci apparaît :

```
>>> iface.showAttributeTable(
    showAttributeTable(QgsVectorLayer, QString filterExpression='') -> QDialog
```

Décortiquons ce petit bout de texte d'aide. Il ne montre pas seulement les arguments que nous pouvons fournir à la méthode showAttributeTable, mais aussi ce que nous obtenons en retour. Le premier argument est la couche, et doit être un objet QgsVector-Layer valide. Le second argument est une chaîne représentant une `filterExpression`. Il est optionnel et on peut le savoir car il est suivi d'un signe égal et d'une chaîne de caractères. Dans l'aide ou la documentation, tout argument suivi d'un signe égal est optionnel. Si nous ne le fournissons pas, la valeur par défaut est utilisée—dans le cas présent une chaîne de caractères vide.

Si nous fournissons une expression de filtre, la table d'attributs ne contiendra que les enregistrements correspondants. Par exemple, si nous utilisons cette expression

```
iface.showAttributeTable(active_layer, "cntry_name='Canada'")
```

nous obtenons une table attributaire contenant uniquement les enregistrements correspondants—478 en tout, représentant le continent et les îles environnantes.

La dernière chose à noter à propos de l'extrait d'aide est qu'il montre ce qui sera renvoyé—dans ce cas, un QDialog. Il s'agit de la classe Qt utilisée pour construire la fenêtre de la table des attributs.

Si vous examinez la documentation de la classe QgisInterface, vous constaterez qu'elle possède beaucoup plus de méthodes que celles que nous venons d'utiliser. Nous aborderons plus en profondeur l'API QGIS dans un chapitre ultérieur. Ce survol de la console vous a donné un aperçu de ce que vous pouvez accomplir avec PyQGIS. Nous nous y plongerons davantage dans Chapter 7, Utiliser la console, page 77.

Passons maintenant à une brève introduction à Python 3. Si vous êtes déjà un gourou de Python, ou du moins à l'aise avec les notions de base, n'hésitez pas à passer au Chapter 4, Configuration des outils de développement, page 47.

2.5   Exercices

Pour réaliser les exercices, vous devrez consulter la documentation de l'API QGIS que vous trouverez à l'adresse `https://loc8.cc/ppg3/iface`

1. À l'aide de la documentation de la QgisInterface, déterminez quelle

méthode vous utiliseriez pour ouvrir l'un de vos fichiers de projet QGIS enregistrés (.qgs) en utilisant la console.

2. Déterminez quelle méthode vous utiliseriez pour ajouter une couche raster à la carte.

3. L'ajout d'un fichier shape à la carte nécessite le chemin complet de la couche, un nom court ('basename') et une clé de fournisseur ('ogr'). En utilisant la console, ajoutez le fichier shape `world_borders`.

3 Les bases de Python 3

Ce livre n'est pas un tutoriel sur Python 3—nous vous proposons une brève introduction aux concepts nécessaires pour démarrer avec PyQGIS. Pour devenir efficace, vous devrez creuser un peu plus profondément dans Python que ce que nous couvrons ici. Nous ne discuterons pas beaucoup des contrôles de flux, des variables, des opérateurs et de toutes les autres choses que vous devez savoir pour utiliser le langage Python. Pour cela, consultez la liste des ressources supplémentaires à la fin du chapitre.

3.1   Comment obtenir de l'aide

Nous avons déjà vu un exemple d'utilisation de la fonction help pour produire une description de la classe *QgisInterface*. Cela fonctionne aussi bien à partir de la console interactive de Python 3 que dans la console Python de QGIS. Une autre fonction utile est dir, qui fournit une liste de toutes les méthodes et fonctions d'un objet. Bien que lacunaire, elle peut être utile si vous avez oublié le nom d'une fonction.

La fonction help peut être utilisée sur des méthodes individuelles afin de fournir plus de détails. Dans l'un des exercices du chapitre précédent, nous avons utilisé la méthode adddVectorLayer pour ajouter un fichier shapefile à la carte. Si nous examinons l'aide pour cette méthode, nous obtenons :

```
>>> help(iface.addVectorLayer)
Help on built-in function addVectorLayer:
```

```
addVectorLayer(...) method of qgis._gui.QgisInterface instance
    addVectorLayer(self, vectorLayerPath: str, baseName: str,
                    providerKey: str) -> QgsVectorLayer
    Add a vector layer
```

Cela nous explique comment ajouter une couche vectorielle au canevas de la carte. Tous les arguments sont obligatoires et sont tous des chaînes de caractères, spécifiés par le nom de type `str` qui les suit. La fonction `addVectorLayer` renvoie un objet `QgsVectorLayer` et elle est une méthode de `QgisInterface`.

En plus de la commande d'aide, l'autre ressource est la documentation en ligne de l'API QGIS, que nous couvrons dans la section Chapter 6, Explorer l'API QGIS, page 63.

3.2   *Les structures de données*

Lorsque vous travaillez avec PyQGIS et l'API QGIS, vous aurez généralement besoin de vous familiariser avec les éléments suivants :

— Listes
— Dictionnaires
— Classes

Le type `list`

Une `list` est semblable à un tableau d'éléments, entreposés dans un ordre séquentiel :

```
>>> my_list = ["GIS", "QGIS", "Python", 1, "open source"]
>>> my_list[0]
'GIS'
>>> my_list[1:3]
['QGIS', 'Python']
>>>
>>> my_list[-1]
'open source'
```

Vous pouvez voir ici que nous avons créé une `list` contenant cinq éléments, quatre chaînes de caractères et un entier. Une `list` utilise un index basé sur zéro pour faire référence à un élément. Comme vous pouvez le voir dans l'exemple ci-dessus, vous pouvez utiliser la notation deux-points pour faire référence à une plage d'éléments dans la "liste". Pour obtenir le dernier élément d'une list, utilisez [-1].

Vous pouvez mélanger les types d'objets dans une list, y compris en ajoutant d'autres listes :

```
>>> new_list = ["apple", my_list]
>>> new_list
['apple', ['GIS', 'QGIS', 'Python', 1, 'open source']]
>>> new_list[1]
['GIS', 'QGIS', 'Python', 1, 'open source']
>>> new_list[1][2]
'Python'
```

Une list est itérable, ce qui signifie que vous pouvez la parcourir élément par élément :

```
>>> for itm in my_list:
...     print(itm)
...
GIS
QGIS
Python
1
open source
```

Il existe un certain nombre d'autres opérations que vous pouvez effectuer sur une list, notamment append, pop, remove, sort et reverse.

Le tuple

Un tuple est simplement une list immuable, ce qui signifie qu'une fois créée, elle ne peut être modifiée. Vous accédez aux éléments d'un tuple de la même manière que vous le faites avec une list :

```
>>> my_tuple = ("GIS", "QGIS", "Python", 1, "open source")
>>> my_tuple
('GIS', 'QGIS', 'Python', 1, 'open source')
>>> my_tuple[0]
'GIS'
>>> my_tuple[-1]
'open source'
```

Vous pouvez déterminer si une liste ou un tuple contient un élément donné en utilisant l'opérateur in :
```
'GIS' in my_list
```

Alors que nous pouvons changer la valeur d'un élément dans une liste, vous ne pouvez pas le faire avec un tuple :

```
>>> my_list
['GIS', 'QGIS', 'Python', 1, 'open source']
>>> my_list[1] = 'QGIS 3.0'
>>> my_list
['GIS', 'QGIS 3.0', 'Python', 1, 'open source']
>>> my_tuple
('GIS', 'QGIS', 'Python', 1, 'open source')
>>> my_tuple[1] = 'QGIS 3.0'
Traceback (most recent call last):
  File "<stdin>", line 1, in <module>
TypeError: 'tuple' object does not support item assignment
```

Utilisation des tuples - Les jours de la semaine ou les mois de l'année sont des exemples de cas où vous pourriez vouloir utiliser un tuple. Ces éléments ne changent jamais et vous pouvez les parcourir plus rapidement avec un tuple.

Les tuples sont plus rapides que les listes ; utilisez-les lorsque vous devez itérer sur une structure de données qui ne doit jamais changer.

Enfin, vous pouvez convertir les tuples en listes :

```
>>> a_tuple = tuple(my_list)
>>> a_tuple
('GIS', 'QGIS 3.0', 'Python', 1, 'open source')
>>> a_list = list(my_tuple)
>>> a_list
['GIS', 'QGIS 3.0', 'Python', 1, 'open source']
```

Le dict

En Python, un dict implémente un objet dictionnaire, également connu sous le nom de hash ou table de hachage dans d'autres langages. Il est constitué d'un ensemble de clés et de valeurs associées, ce qui permet d'effectuer une recherche indexée :

```
>>> my_dictionary = {"qgis":"c++", "grass":"c", "udig":"java"}
>>> my_dictionary['udig']
'java'
>>> my_dictionary['qgis']
'c++'
>>> my_dictionary['grass']
'c'
```

Ici, nous avons créé un dictionnaire qui "fait correspondre" une application code source libre à son langage sous-jacent. Nous pouvons faire référence au langage dans laquel une application de code source libre est écrite en utilisant le nom comme clé.

Nous pouvons également créer un dictionnaire en utilisant :

```
>>> my_dictionary = dict(qgis='c++', grass='c', udig='java')
>>> my_dictionary
{'qgis': 'c++', 'udig': 'java', 'grass': 'c'}
```

Un dictionnaire peut être modifié en attribuant des valeurs à des clés nouvelles ou existantes :

```
>>> my_dictionary['mapnik'] = "c++"
>>> my_dictionary['qgis'] ="c++/python"
>>> my_dictionary
{'qgis': 'c++/python', 'grass': 'c', 'mapnik': 'c++', 'udig': 'java'}
```

Nous pouvons obtenir à la fois les clés et les valeurs d'un dict :

```
>>> my_dictionary.keys()
dict_keys(['qgis', 'grass', 'udig', 'mapnik'])
>>> my_dictionary.values()
dict_values(['c++/python', 'c', 'java', 'c++'])
```

En Python 3, dict.keys(), dict.values(), et dict.items() renvoient un objet de vue. Un objet de vue est dynamique, il reflète les modifications apportées aux entrées d'un dictionnaire.

Nous pouvons itérer sur les clés et les valeurs comme dans une liste :

Nous pouvons en fait itérer en utilisant : for key in my_dictionary :

```
>>> for key in my_dictionary.keys():
...     print("{}: {}".format(key, my_dictionary[key]))
...
qgis: c++
grass: c
udig: java
mapnik: c++
```

Par défaut, la fonction list convertit les clés d'un dict en une list.

```
>>> list(my_dictionary)
['qgis', 'grass', 'mapnik', 'udig']
```

Nous pouvons vérifier si un dict contient une certaine clé ou valeur :

Auparavant, vous pouviez utiliser la fonction has_key pour vérifier 'existence d'une valeur dans un dictionnaire. Cette méthode a été supprimée de Python 3.

```
>>> 'qgis' in my_dictionary
True
>>> 'qgis' in my_dictionary.keys()
True
>>> 'postgis' in my_dictionary
False
>>> 'java' in my_dictionary.values()
True
```

Ceci est important ; si vous essayez d'accéder à une clé inexistante, vous serez averti par un message d'erreur :

```
>>> my_dictionary['qgis']
'c++/python'
>>> my_dictionary['postgis']
Traceback (most recent call last):
  File "<stdin>", line 1, in <module>
KeyError: 'postgis'
```

Avant d'accéder à une valeur, vous pouvez vérifier si elle existe afin d'éviter une erreur :

```
>>> my_dictionary = {"qgis":"c++", "grass":"c", "udig":"java"}
>>> if 'qgis' in my_dictionary:
...     print(my_dictionary['qgis'])
... else:
...     print("The key 'qgis' does not exist")
...
c++
```

La méthode alternative (et souvent préférée) consiste à envelopper le bloc de code dans un bloc try/except :

```
>>> try:
...     print(my_dictionary['postgis'])
... except:
...     print("Key not found")
...
Key not found
```

3.3 *Les classes*

Les classes font partie intégrante du langage Python et vous les utiliserez fréquemment lors de vos développements avec PyQGIS.

Les classes Python, tout comme leurs homologues dans d'autres langages orientés objet, peuvent avoir des méthodes et des attributs, ce qui vous permet de modéliser des objets. Dans QGIS, il existe un grand nombre de classes représentant les couches de la carte, les entrepôts de données, les légendes, la symbologie, et bien plus encore.

Si vous vous reportez au premier chapitre, vous constaterez que nous avons déjà travaillé avec certaines classes QGIS lors de l'exploration de la console Python.

Lorsque vous créez une classe, vous devez penser en termes d'attributs qui la décrivent et de ce qu'elle peut "faire". Voici une classe Python simple qui modélise un point :

```
1  class Point:
2
3      marker_size = 4
4
5      def __init__(self, x, y):
6          self.x = x
7          self.y = y
8
9      def draw(self):
10         print("Drawing the point at {}, {}".format(self.x, self.y))
11
12     def move(self, new_x, new_y):
13         print("Moving the point to {}, {}".format(new_x, new_y))
14         self.x = new_x
15         self.y = new_y
```

La classe Point possède trois attributs (x, y, marker_size) et deux méthodes : draw et move. Nous pouvons créer et utiliser la classe comme suit

```
>>> from simplepoint import Point
>>> my_point = Point(10, 10)
>>> my_point.marker_size
4
>>> my_point.draw()
Drawing the point at 10, 10
>>> my_point.move(15, 15)
Moving the point to 15, 15
```

Cet exemple trivial de classe illustre les concepts de base. Une fois que vous avez instancié votre classe, vous pouvez accéder à ses attributs et appeler ses méthodes.

Nous utiliserons les classes à la fois pour écrire des scripts qui s'exécutent depuis la console et dans les plugins.

Hériter d'une classe

Il arrive fréquemment que vous ayez besoin de créer une classe qui hérite du comportement d'une classe existante.

Prenons par exemple la classe *QgsPointXY* qui représente un point en 2D. En utilisant dir(QgsPointXY) nous pouvons obtenir une liste de ses attributs :

```
>>> from qgis.core import QgsPointXY
>>> dir(QgsPointXY)
['__add__', '__class__', '__delattr__', '__dict__',
'__dir__', '__doc__', '__eq__', '__format__', '__ge__',
'__getattribute__', '__getitem__', '__gt__', '__hash__',
'__iadd__', '__imul__', '__init__', '__init_subclass__',
'__isub__', '__itruediv__', '__le__', '__len__', '__lt__',
'__module__', '__mul__', '__ne__', '__new__', '__radd__',
'__reduce__', '__reduce_ex__', '__repr__', '__rmul__',
'__rsub__', '__rtruediv__', '__setattr__', '__sizeof__',
'__str__', '__sub__', '__subclasshook__', '__truediv__',
'__weakref__', 'asWkt', 'azimuth', 'compare', 'distance',
'multiply', 'project', 'set', 'setX', 'setY', 'sqrDist',
'sqrDistToSegment', 'toQPointF', 'toString', 'x', 'y']
```

Il ne s'agit que d'un exemple. *QgsPoint* fournit déjà une implémentation robuste d'un point 3D.

Créons une nouvelle classe qui ajoute une valeur Z à la classe QgsPointXY en la dérivant : :

Listing 3.1 – point3d_1.py

```
 1  from qgis.core import QgsPointXY
 2
 3
 4  class Point3D(QgsPointXY):
 5
 6      def __init__(self, x, y, z):
 7          super(Point3D, self).__init__(x, y)
 8          self.z_value = z
 9
10      def setZ(self, z):
11          self.z_value = z
12
13      def z(self):
14          return self.z_value
```

Dans les listings de code, les modules et les classes QGIS sont présentés dans le format green et PyQt5 dans le format blue.

Tout d'abord, nous devons nous assurer que nous avons importé la classe QgsPointXY du module qgis.core. Ensuite, à la *ligne 4*, nous définissons notre nouvelle classe Point3D, héritant de QgsPointXY. Notre nouvelle classe disposera ainsi de toutes les méthodes et attributs de QgsPointXY, plus ceux que nous allons y ajouter.

A la ligne 7, nous appelons la méthode __init__ de la classe de base, en lui passant les valeurs de x et y. À la *ligne 8,* nous définissons *z_value* en utilisant l'argument z qui a été transmis.

Si vous regardez de près les attributs de QgsPointXY, vous verrez qu'il existe des méthodes pour définir les valeurs X et Y, ainsi que pour les renvoyer. Nous avons besoin des mêmes méthodes pour notre valeur Z. *Les lignes 10 et 11* définissent la valeur Z et les *lignes 13 et 14* fournissent le code nécessaire pour la renvoyer. Voici un exemple de la façon dont nous pouvons utiliser notre nouvelle classe

```
>>> from point3d import Point3D
>>> pt = Point3D(100, 100, 299)
>>> pt.z()
299
>>> pt.setZ(199)
>>> pt.z()
199
```

Vous pouvez voir que nos méthodes ajoutées fonctionnent comme prévu. Si nous listons les attributs de Point3D, vous verrez tous ceux de QgsPointXY, ainsi que nos nouvelles méthodes

```
>>> dir(Point3D)
['__add__', '__class__', '__delattr__', '__dict__',
'__dir__', '__doc__', '__eq__', '__format__', '__ge__',
'__getattribute__', '__getitem__', '__gt__', '__hash__',
'__iadd__', '__imul__', '__init__', '__isub__',
'__itruediv__', '__le__', '__len__', '__lt__', '__module__',
'__mul__', '__ne__', '__new__', '__radd__', '__reduce__',
'__reduce_ex__', '__repr__', '__rmul__', '__rsub__',
'__rtruediv__', '__setattr__', '__sizeof__', '__str__',
'__sub__', '__subclasshook__', '__truediv__', '__weakref__',
'azimuth', 'compare', 'distance', 'multiply', 'onSegment',
'project', 'set', 'setX', 'setY', 'setZ', 'sqrDist',
'sqrDistToSegment', 'toDegreesMinutes',
'toDegreesMinutesSeconds', 'toQPointF', 'toString',
'wellKnownText', 'x', 'y', 'z']
```

Il reste du travail à faire si nous voulons ajouter le support complet de "Z" à notre nouvelle classe de points, par exemple en surchargeant les méthodes `toString` et `wellKnownText` pour inclure les valeurs Z. Par exemple, si nous appelons la méthode `toString` sur notre nouvelle classe, elle renvoie les valeurs X et Y, mais notre valeur Z est introuvable

```
>>> pt.toString()
'100, 100'
```

Modifions `toString` pour inclure la valeur Z :

```
1   from qgis.core import QgsPointXY
2
3
4   class Point3D(QgsPointXY):
5
6       def __init__(self, x, y, z):
7           super(Point3D, self).__init__(x, y)
8           self.z_value = z
9
10      def setZ(self, z):
11          self.z_value = z
12
13      def z(self):
14          return self.z_value
15
16      def toString(self):
17          return "{:.2f}, {:.2f}, {:.2f}".format(self.x(), self.y(), self.z())
```

Les lignes 16 et 17 implémentent la méthode *toString* surchargée, renvoyant une chaîne de caractères avec les valeurs X, Y, Z.

```
>>> from point3d import Point3D
>>> pt = Point3D(100, 100, 199)
>>> pt.toString()
'100.00, 100.00, 199.00'
```

Nous avons un objet point 3D partiellement fonctionnel---vous pouvez le compléter si vous le souhaitez.

Le fait de dériver une classe d'une classe existante nous permet d'étendre les capacités de PyQGIS en profitant de toute la puissance présente dans l'API.

Pourquoi se donner la peine de dériver un objet dans PyQGIS ? Un exemple courant est lors de la création d'un nouvel outil cartographique qui opère sur le canevas de la carte. Nous pouvons facilement créer notre propre outil cartographique qui émet les coordonnées d'un clic sur la carte en héritant de QgsMapToolEmitPoint. Cela nous donne accès à la méthode `canvasClicked` (un signal) qui nous fournit à la fois l'emplacement du clic et le bouton de la souris qui l'a déclenché

Nous aborderons les signaux et les slots dans le chapitre 6, Explorer l'API QGIS, page 67

```
canvasClicked (const QgsPointXY & point, Qt::MouseButton button)
```

Plus vous approfondissez la programmation de PyQGIS, plus vous trouverez des cas dans lesquels la dérivation des classes de l'API QGIS fournit la fonctionnalité dont vous avez besoin.

Les classes Python comportent d'autres éléments, tels que les variables privées et les méthodes privées. Si vous souhaitez avoir plus de détails, reportez-vous aux ressources figurant à la fin de ce chapitre.

3.4   Les chaînes de caractères, ranges et autres trucs pratiques

Jetons un coup d'œil rapide sur d'autres fonctions pratiques de Python que vous trouverez utiles.

Chaînes de caractères

Vous utiliserez des chaînes de caractères partout dans votre code. Dans cette section, nous allons utiliser une session Python interactive pour illustrer certains concepts.

```
>>> s = "QGIS loves Python"
>>> # split on whitespace
... s.split()
['QGIS', 'loves', 'Python']
>>> # split into variables
... (a, b, c) = s.split()
>>> print(a, b, c)
QGIS loves Python
>>> # slice
... s[0:1]
'Q'
```

```
>>> s[-1:]
'n'
>>> s[:-1]
'QGIS loves Pytho'
>>> # split on a character
... s.split('o')
['QGIS l', 'ves Pyth', 'n']
```

Remarquez que dans toutes les opérations sur les chaînes de caractères ci-dessus, le résultat est une liste Python.

Voici quelques autres fonctionnalités que nous pouvons faire avec les chaînes de caractères

```
>>> s = 'qgis loves python'
>>> # title case
... s.title()
'Qgis Loves Python'
>>> # upper case
... s = 'qgis loves python'
>>> s = s.upper()
>>> s
'QGIS LOVES PYTHON'
>>> s.lower()
'qgis loves python'
```

Nous pouvons trouver une sous-chaîne de caractères en utilisant *in*

```
>>> s = 'QGIS loves Python'
>>> # does substring exist?
... 'GIS' in s
True
>>> # where is it?
... s.find('GIS')
1
>>> s[1:]
'GIS loves Python'
```

Python est doté de puissantes capacités de formatage des chaînes de caractères. Vous pouvez utiliser soit l'opérateur %, soit la méthode format

```
>>> a_string = 'loves'
>>> "QGIS %s Python" % a_string
'QGIS loves Python'
>>> "QGIS {} Python".format(a_string)
```

```
'QGIS loves Python'
>>> # with two strings:
... a_string2 = 'Python'
>>> "QGIS %s %s" % (a_string, a_string2)
'QGIS loves Python'
>>> "QGIS {} {}".format(a_string, a_string2)
'QGIS loves Python'
```

Lequel devez-vous utiliser? Cela dépend si vous avez besoin de toute la puissance de *format* ou si vous avez juste besoin d'un simple formatage. La méthode *format* dispose de nombreuses options pour formater les chaînes de caractères et les nombres, ainsi que pour utiliser des champs de remplacement nommés

```
>>> 'Location = {longitude}, {latitude}'.format(
...                   longitude=-150, latitude=60.5)
'Location = -150, 60.5'
```

L'utilisation de remplacements nommés s'avère pratique lorsque vous devez formater une chaîne de caractères comportant un grand nombre de paramètres. Pour des informations complètes sur les spécificateurs de format, ainsi que sur les autres opérations sur les chaînes de caractères, consultez la documentation de Python string.[4]

4. https://loc8.cc/ppg/py_string3

Les ranges

Les 'Ranges' sont pratiques lorsque vous avez besoin d'une liste d'entiers à utiliser dans une boucle *for*

```
>>> list(range(0, 10))
[0, 1, 2, 3, 4, 5, 6, 7, 8, 9]
>>> list(range(1, 10, 2))
[1, 3, 5, 7, 9]
>>> list(range(100, 0, -10))
[100, 90, 80, 70, 60, 50, 40, 30, 20, 10]

>>> for i in range(0, 2):
...     print(i)
...
0
1
```

Le troisième argument de la fonction range spécifie le pas—par défaut 1.

Arguments de fonction et de méthode

En plus des arguments "standards", Python vous permet d'utiliser des arguments par défaut et des mots-clés dans vos fonctions et méthodes.

Dans une fonction avec des arguments par défaut, vous spécifiez une valeur pour chaque argument facultatif. Disons que nous avons une fonction qui dessine un cercle :

```
def draw_circle(radius, color='blue', line_width=1):
    print(radius, color, line_width)
```

Nous pouvons lancer cette fonction des manières suivantes

```
>>> draw_circle(10)
10 blue 1
>>> draw_circle(10, 'red')
10 red 1
>>> draw_circle(10, 'red', 2)
10 red 2
```

Si nous ne fournissons pas d'argument, la valeur par défaut est utilisée. Notez que l'on ne peut pas spécifier une line_width sans d'abord spécifier la couleur—, les arguments étant positionnels.

En utilisant les arguments des mots-clés, nous pouvons lancer la même fonction comme ceci

```
>>> draw_circle(10, color='red')
10 red 1
>>> draw_circle(10, line_width=2)
10 blue 2
>>> draw_circle(10, line_width=2, color='red')
10 red 2
>>> draw_circle(line_width=2, color='red', radius=15)
15 red 2
```

En utilisant la syntaxe *keyword=value*, nous pouvons spécifier les arguments dans n'importe quel ordre. Ceux que nous ne spécifions pas recevront la valeur par défaut, en supposant qu'ils sont arguments facultatifs. Si nous ne fournissons pas l'argument obligatoire radius, ceci se produit

```
>>> draw_circle(line_width=2, color='red')
Traceback (most recent call last):
  File "<stdin>", line 1, in <module>
TypeError: draw_circle() missing 1 required positional argument: 'radius'
```

Le message d'erreur nous dit exactement ce qui ne va pas—il nous manque l'argument obligatoire *radius*.

Une autre façon utile d'appeler notre fonction est d'utiliser un dictionnaire avec l'opérateur **

```
>>> args = {'color' : 'red', 'line_width' : 1.5, 'radius' : 20}
>>> draw_circle(**args)
20 red 1.5
>>> args = {'color' : 'red', 'radius' : 20}
>>> draw_circle(**args)
20 red 1
```

Ici, nous avons passé le dictionnaire `args` à la fonction et cela fonctionne de manière similaire à l'utilisation d'arguments nommés. Remarquez que dans le dernier exemple, nous n'avons pas ajouté la `line_width` à notre dictionnaire et la fonction a utilisé la valeur par défaut que nous avons spécifié dans la définition de la fonction.

Nous n'avons abordé qu'une petite partie de Python, mais vous reconnaîtrez certaines notions dans les exemples précédents lorsque nous commencerons à écrire du code. Comme toujours, n'oubliez pas de consulter la documentation de Python 3 à l'adresse suivante `https://docs.python.org/3`.

3.5   Installation de paquets

Au cours de votre parcours en Python, vous aurez besoin éventuellement (en fait rapidement) d'installer un paquet (package) pour fournir une fonctionnalité manquante. Il existe littéralement des milliers de paquets disponibles pour étendre les capacités de Python.

Pour installer des paquets, vous pouvez utiliser soit `easy_install` ou `pip`. Dans ce livre, nous utiliserons exclusivement `pip` (`https://loc8.cc/ppg/pip`).

Si vous avez à la fois Python 2.x et 3.x installé sur votre machine, assurez-vous d'utiliser la bonne version de pip. L'utilisation de pip -version montrera quelle version de Python est utilisée. Vous pouvez également utiliser pip3 pour vous assurer que vous installez des modules pour votre version 3.x de Python. Vous nous verrez utiliser à la fois pip et pip3 tout au long du livre. Dans les deux cas, nous utilisons la version livrée avec Python 3.

Une fois que vous avez installé pip (il est livré avec Python 3.4+), il est facile de rechercher et d'installer des paquets. Prenons un exemple : disons que nous voulons installer *Sphinx*, le générateur de documentation que nous utiliserons pour documenter nos plugins.

Pour installer pip sous Windows, voir https://pip.pypa.io/en/stable/installation/

Tout d'abord, trouvons le nom du paquet en utilisant pip :

```
ophir:pyqgis gsherman$ pip search Sphinx
```

Cela renvoie un nombre impressionnant de paquets liés à Sphinx, une liste trop longue pour être affichée ici. Parmi les paquets, vous trouverez celui qui nous intéresse

```
Sphinx (1.7.0)                    - Python documentation generator
```

Cela confirme que le paquet existe et que nous avons le bon nom. L'installation est simple :

```
pip install sphinx
  Collecting Sphinx
    Downloading Sphinx-1.7.0-py2.py3-none-any.whl (1.9MB)
      100% 1.9MB 68.4MB/s
  Collecting Jinja2>=2.3 (from Sphinx)
  ...
  Installing collected packages: sphinx
  Successfully installed sphinx-1.7.0
```

Remarquez que pip n'est pas sensible aux majuscules et aux minuscules - il a installé Sphinx même même si nous avons utilisé des minuscules dans la commande d'installation. Nous ne l'avons pas montré, mais en plus d'installer Sphinx, pip a aussi installé toutes les dépendances qui sont nécessaires à son fonctionnement.

Vous pouvez voir quels paquets sont installés sur votre système en utilisant `pip list`. Les anciennes versions de pip ne supportent pas la commande list—dans ce cas vous pouvez utiliser `pip freeze` à la place[5].

L'utilisation de `pip3 list` va générer une liste souvent longue de tous les paquets installés sur votre système, ainsi que leurs versions

5. pip freeze génère une liste adaptée au fichier requirements.txt qui peut être utilisé par pip pour installer un ensemble de paquets en utilisant la commande avec l'option -r ou --requirement.

```
pip3 list --format=columns
Package                     Version
--------------------------- -----------
alabaster                   0.7.10
appnope                     0.1.0
astroid                     1.5.3
Babel                       2.5.1
bleach                      2.0.0
certifi                     2017.11.5
chardet                     3.0.4
click                       6.7
colorama                    0.3.9
cycler                      0.10.0
decorator                   4.0.11
docutils                    0.14
entrypoints                 0.2.2
future                      0.16.0
GDAL                        2.1.3
...
Sphinx                      1.7.0
sphinxcontrib-websupport 1.0.1
...
wheel                       0.30.0
widgetsnbextension          2.0.0
wrapt                       1.10.11
```

3.6   Documenter votre code

Il est important de documenter son code source. De nombreux programmeurs ont eu du mal à se souvenir de ce qu'ils pensaient il y a des semaines ou des mois lorsqu'ils ont écrit un morceau de code. En Python, documenter votre code a l'avantage supplémentaire de le rendre disponible via la fonction `help`.

Vous vous souvenez de notre exemple de classe Point? Si on l'importe et qu'on regarde dans l'aide, on obtient ceci

```
Aide sur la classe Point dans le module code.simplepoint :

class Point(builtins.object)
 |  Methods defined here:
 |
 |  __init__(self, x, y)
 |      Initialize self.  See help(type(self)) for accurate signature.
 |
 |  draw(self)
 |
 |  move(self, new_x, new_y)
 |
 |  ----------------------------------------------------------------------
 |  Data descriptors defined here:
 |
 |  __dict__
 |      dictionary for instance variables (if defined)
 |
 |  __weakref__
 |      list of weak references to the object (if defined)
 |
 |  ----------------------------------------------------------------------
 |  Data and other attributes defined here:
 |
 |  marker_size = 4
```

C'est bien, mais c'est aussi peu détaillé. Nous voyons les méthodes
et les attributs définis mais aucune description de ce qu'ils font
réellement. Voici une nouvelle version documentée de notre code
source :

```
1   class Point:
2       """ Class to model a point in 2D space."""
3
4       """ Size of our marker in pixels """
5       marker_size = 4
6
7       def __init__(self, x, y):
8           """ Initialize the new Point object at x, y"""
9           self.x = x
10          self.y = y
11
12      def draw(self):
13          """"Draw the point on the map canvas"""
14          print("Drawing the point at {}, {}".format(self.x, self.y))
15
16      def move(self, new_x, new_y):
17          """ Move the point to a new location on the
18              map canvas"""
```

```
19        print("Moving the point to {}, {}".format(new_x, new_y))
20        self.x = new_x
21        self.y = new_y
```

Maintenant, lorsque nous utilisons la fonction help, nous pouvons voir notre documentation pour chaque méthode

```
Aide sur la classe Point dans le module point :

class Point(builtins.object)
 |  Class to model a point in 2D space.
 |
 |  Methods defined here:
 |
 |  __init__(self, x, y)
 |      Initialize the new Point object at x, y
 |
 |  draw(self)
 |      Draw the point on the map canvas
 |
 |  move(self, new_x, new_y)
 |      Move the point to a new location on the
 |      map canvas
 |
 |  ----------------------------------------------------------------
 |  Data descriptors defined here:
 |
 |  __dict__
 |      dictionary for instance variables (if defined)
 |
 |  __weakref__
 |      list of weak references to the object (if defined)
 |
 |  ----------------------------------------------------------------
 |  Data and other attributes defined here:
 |
 |  marker_size = 4
```

Cela nous donne plus d'informations sur ce que fait chaque méthode. De nombreux générateurs de documentation (par exemple, Sphinx) utilisent ces 'docstrings' pour générer un ensemble de documentation élégamment formaté pour votre code source.

3.7   Maintenir l'organisation propre

Lorsque vous écrivez du code Python, n'oubliez pas de le garder cohérent et bien formaté. Une façon de le faire est d'utiliser l'outil `pycodestyle` pour vérifier votre code. Vous pouvez installer `pycodestyle` en utilisant `pip`. Pour l'utiliser, lancez-le depuis la ligne de commande et passez le nom de votre script Python

pycodestyle auparavant appelé pep8.

```
pycodestyle point.py
```

Si vous n'obtenez aucun résultat, cela signifie que votre code passe le test, sinon une liste de problèmes potentiels sera présentée pour que vous puissiez les examiner et les corriger

```
$ pycodestyle simplepoint.py
simplepoint.py:2:1: W293 blank line contains whitespace
```

Cela nous indique qu'il y a un problème à la ligne 2, colonne 1.

La plupart des erreurs peuvent sembler sans conséquence, mais cela ne fait pas de mal de garder votre code aussi propre que possible. Pour plus d'informations sur le formatage de votre code Python, consultez le *Style Guide for Python Code*[6].

6. https://loc8.cc/ppg3/pycodestyle

Nous pouvons également utiliser `pylint`[7] pour vérifier notre code. Il fournit un examen beaucoup plus rigoureux

```
pylint simplepoint.py
No config file found, using default configuration
************* Module code.simplepoint
C:  2, 0: Trailing whitespace (trailing-whitespace)
C:  1, 0: Missing module docstring (missing-docstring)
C:  6, 8: Invalid attribute name "x" (invalid-name)
C:  7, 8: Invalid attribute name "y" (invalid-name)
C:  1, 0: Missing class docstring (missing-docstring)
C:  9, 4: Missing method docstring (missing-docstring)
C: 12, 4: Missing method docstring (missing-docstring)

----------------------------------
Your code has been rated at 3.64/10
```

7. https://loc8.cc/ppg3/pylint

Vous pouvez voir que cela fournit beaucoup plus d'informations que le résultat d'une seule ligne de `pycodestyle`. Par défaut, il considère les docstrings comme nécessaires et signale tous les modules/-classes/méthodes qui n'en ont pas. Puisque la documentation de notre code est importante, ce sont des rappels utiles.

`pylint` établit également une évaluation du code, ce qui peut nous faire nous sentir bien ou mal en fonction du nombre d'erreurs. Les exécutions ultérieures de `pylint` sur le même code mettront à jour la note du code et montreront l'amélioration par rapport à la dernière exécution.

Vous avez peut-être remarqué que `pylint` a signalé nos variables x et y comme étant invalides. C'est parce que `pylint` recommande des noms descriptifs et considère que les variables à une seule lettre sont trop générales. Dans notre cas, x et y sont parfaitement logiques (bien que certains puissent ne pas être d'accord). C'est à vous de décider ce qu'il faut corriger dans votre code.

`pycodestyle` et `pylint` vous permettent de modifier ce qu'ils vérifient en utilisant des fichiers de configuration—voir la documentation respective

3.8   Migration de Python 2 vers 3

Si vous avez un plugin existant que vous voulez faire fonctionner sous QGIS 3, il existe deux options :

1. Convertir de Python 2 à 3 et créer une nouvelle version qui fonctionne avec QGIS 3
2. Modifier votre plugin pour qu'il fonctionne à la fois sous Python 2 et 3 afin de prendre en charge QGIS 2.x et 3.x.

L'option 1 est la plus simple—supporter les deux versions de Python (et donc QGIS) à partir d'un seul code est, généralement, plus compliqué.

Si vous choisissez l'option 1, vous pouvez utiliser le script 2to3 pour migrer votre code et vous rapprocher d'une version fonctionnelle.

Dans ce livre, nous nous concentrerons sur l'écriture d'un code compatible avec Python 3, mais nous vous donnerons également quelques conseils dans Conversion du code à la version QGIS 3, page 213. Nous fournirons également une liste de ressources pour la conversion à Python 3 et pour le support de QGIS 2 et 3.

3.9   *Ressources pour en savoir plus*

Nous avons présenté un bref aperçu du langage Python pour vous aider à démarrer. Pour en savoir plus, voici quelques ressources gratuites d'apprentissage de Python :

— *Dive Into Python* - disponible en plusieurs formats : `https://` `www.diveintopython3.net`
— Official Python documentation : `https://doc.python.org/3`
— Python tutorial : `https://loc8.cc/ppg/py_tutorial3`

En outre, il existe plusieurs manuels et didacticiels de qualité disponibles auprès de votre librairie locale ou en ligne.

Dans la pratique, vous pouvez commencer à utiliser PyQGIS avec un minimum de connaissances de Python et apprendre le reste en cours de route. N'hésitez pas à vous lancer et à commencer.

3.10   *Exercices*

1. Ecrivez une fonction qui accepte une valeur x et y et, en utilisant le formatage des chaînes de caractères, l'imprime avec une précision de quatre décimales.
2. Appelez la fonction de l'exercice 1 en utilisant des paramètres nommés. Modifiez votre fonction si nécessaire.
3. Examinez le résultat de la méthode `QgsPointXY.asWkt`, puis modifiez notre classe `Point3D` de façon à ce que la sortie de la méthode `asWkt` inclut la valeur Z.

4 Configuration des outils de développement

Afin de développer des scripts ou des plugins PyQGIS, nous avons besoin d'un environnement de développement. Il s'agit des éléments suivants :

1. Python 3.x
2. Environnement de développement intégré (IDE) ou une combinaison shell/éditeur
3. PyQt5
4. Qt5, y compris Designer

Examinons chacun d'entre eux individuellement.

4.1 Python

En fonction de votre système d'exploitation, il se peut que vous ayez Python 3 déjà installé .
Linux et Mac OS X
Python est généralement installé dans les systèmes d'exploitation de Linux et OS X. Vous pouvez facilement le vérifier en ouvrant un terminal ou une invite shell et en tapant :

```
python3
```

Si Python est déjà installé, vous obtiendrez le numéro de version et une invite :

```
Python 3.6.3 (default, Nov  1 2017, 10:15:09)
[GCC 4.2.1 Compatible Apple LLVM 8.1.0 (clang-802.0.42)] on darwin
Type "help", "copyright", "credits" or "license" for more information.
>>>
```

Si votre version Python est 3.x, alors vous êtes prêt pour la suite. Si ce n'est pas le cas, ou si la tentative d'exécuter python3 donne une erreur, vous devrez installer une version correcte de Python. Sous Linux, utilisez votre gestionnaire de paquets pour localiser et installer Python.

Vous pouvez avoir plus d'une version de Python installée sur votre système. Si vous n'avez que la version 3, vous pouvez exécuter soit "python", soit "python3". Dans tous les cas, assurez-vous d'avoir accès à Python 3.x.
Windows

Si vous ne construisez pas votre propre version de QGIS à partir de code source, vous utiliserez probablement l'installateur Standalone ou OSGeo4W[8]. Cela vous fournira une version de Python et des bibliothèques/modules associés qui fonctionnent avec QGIS.

8. https://loc8.cc/ppg/installer

Lors de l'installation, il est recommandé de choisir un chemin d'accès qui **ne** contient pas d'espaces pour y installer QGIS. Cela simplifiera grandement la configuration de PyQGIS.

Si vous utilisez Windows, l'installation de QGIS à l'aide de l'installateur OSGeo4W vous donnera tout ce dont vous avez besoin pour développer avec PyQGIS.

4.2 IDE ou éditeur

Vous avez le choix lorsqu'il s'agit d'écrire du code PyQGIS. Vous pouvez utiliser un éditeur de texte ou un IDE. Ce sujet a fait l'objet de discussions passionnées, mais en fin de compte, c'est une question de préférence personnelle. L'utilisation d'un IDE présente des avantages, surtout lorsque vous commencez à vous familiariser avec l'édition de code Python. Un bon IDE peut offrir des aides pour naviguer dans le code, afficher les classes, les méthodes, les attributs, et proposer la complétion de code pour Python et QGIS.

Personnellement, j'utilise à la fois Spacemacs et PyCharm pour tous mes développements.

Utilisation d'un éditeur

Si vous choisissez d'utiliser un éditeur, assurez-vous d'en choisir un qui offre une coloration syntaxique et une indentation pour votre code. Voici quelques éditeurs gratuits parmi lesquels vous pouvez faire votre choix :

— Spacemacs - `https://www.spacemacs.org`
— Vim - `https://www.vim.org`
— Emacs - `https://www.gnu.org/software/emacs`
— Notepad++ - `https://notepad-plus-plus.org`
— jEdit - `http://www.jedit.org`

Il existe un grand nombre d'éditeurs fonctionnels. Choisissez-en un avec lequel vous êtes à l'aise et qui facilite le codage. Pour une liste complète, consultez le Wiki de Python[9].

9. `https://loc8.cc/ppg/editors`

Utilisation d'un IDE

Bien que vous puissiez éditer du code dans un éditeur et le déboguer depuis un shell, un IDE peut faciliter grandement le processus, surtout si vous souhaitez déboguer votre plugin dans QGIS. Il existe un grand nombre d'IDE pour Python—dont certains sont gratuits et d'autres payants.

PyDev

PyDev est un IDE pour le développement avec Python qui fonctionne dans Eclipse. PyDev prend en charge le débogage à distance des plugins QGIS, ce qui vous permet de visualiser les variables et de parcourir votre code.

Vous pouvez obtenir PyDev de plusieurs façons :

1. Installer Eclipse (`https://eclipse.org`), puis PyDev. L'installation d'Eclipse nécessite un runtime Java.
2. Installer LiClipse (`https://www.liclipse.com/`) qui est livré complet avec PyDev.

Notez que l'installation d'Eclipse/PyDev est gratuite, tandis que LiClipse nécessite l'achat d'une licence après une période d'essai.

PyCharm

PyCharm est un IDE Python professionnel utilisé par de nombreux développeurs QGIS. Il existe une édition communautaire gratuite disponible avec un ensemble impressionnant de fonctionnalités. La principale lacune de l'édition communautaire est l'absence de possibilité de déboguer à distance, une fonctionnalité qui peut s'avérer extrêmement utile lors de l'édition de plugins et d'applications autonomes.[10]

10. Il existe d'autres outils gratuits pour le débogage à distance que nous verrons dans le chapitre sur Création d'un processus de développement.

PyCharm nécessite également un runtime Java assez récent. Il est multiplateforme et fonctionne sur Linux, Mac et Windows.

PyCharm offre la complétion de code à la fois pour PyQt et les modules QGIS, ce qui facilite l'édition de code. Il dispose également d'un émulateur Vim pour ceux d'entre nous qui chérissent ce moyen d'édition du code.

Il existe de nombreux autres IDE Python—pour une compilation assez complète, consultez la liste sur le Python Wiki[11].

11. https://loc8.cc/ppg/ide

4.3   Qt/PyQt

PyQt est l'interface API Python de Qt, le framework C++ sur lequel QGIS est basé. Comme QGIS est développé en utilisant le framework Qt, nous utilisons PyQt lors de la création de plugins pour avoir tous les éléments d'interface graphique dont nous aurons besoin.

Installation de PyQt

En fonction de votre plate-forme, il se peut que Qt et PyQt soient déjà installés.

Si vous utilisez les installateurs Windows Standalone ou OSGeo4W, vous avez déjà installé Qt et PyQt dans le cadre de l'installation de QGIS.

Pour les utilisateurs de Mac, les binaires de Kyngchaos incluent les bibliothèques d'exécution Qt et PyQt. Si vous souhaitez créer des interfaces utilisateur à l'aide de Qt Designer, vous devrez installer le paquet Qt Tools qui fait partie de l'installation complète de Qt pour Mac.[12]

Si vous utilisez Homebrew pour gérer les paquets sur votre Mac, vous pouvez utiliser osgeo4mac pour installer Qt et d'autres logiciels utiles. Voir https://github.com/OSGeo/homebrew-osgeo4mac.   12. https://download.qt.io

Sous Linux, vous pouvez utiliser votre gestionnaire de paquets pour installer Qt et PyQt. Si vous voulez développer des interfaces utilisateur, assurez-vous d'obtenir les paquets outils Qt et PyQt.

Assurez-vous d'installer la version 5.x de Qt et de PyQt.

4.4 Définir l'environnement

Si vous souhaitez accéder à l'API en dehors de QGIS, par exemple dans un script ou une application autonome, vous devrez configurer votre environnement. Cela est également nécessaire si vous souhaitez intégrer un IDE à QGIS.

Pour savoir si vous devez procéder à une quelconque configuration, essayez d'importer un module QGIS et PyQt

```
Python 3.6.3 (default, Nov  1 2017, 10:15:09)
[GCC 4.2.1 Compatible Apple LLVM 8.1.0 (clang-802.0.42)] on darwin
Type "help", "copyright", "credits" or "license" for more information.
>>> import qgis.core
>>> import PyQt5.QtCore
>>>
```

S'il n'y a pas de message d'erreur, vous configuration d'environnement est réalisée, sinon, voir ci-dessous.

Windows

Pour configurer votre environnement, créez un fichier batch (.cmd). Nous l'avons nommé pyqgis.cmd :

Listing 4.1 – Le script Windows pyqgis.cmd

```
1  @echo off
2  SET OSGEO4W_ROOT=C:\OSGeo4W3
3  call "%OSGEO4W_ROOT%"\bin\o4w_env.bat
4  call "%OSGEO4W_ROOT%"\apps\grass\grass-7.4.0\etc\env.bat
5  @echo off
6  path %PATH%;%OSGEO4W_ROOT%\apps\qgis-dev\bin
7  path %PATH%;%OSGEO4W_ROOT%\apps\grass\grass-7.4.0\lib
8  path %PATH%;C:\OSGeo4W3\apps\Qt5\bin
```

```
 9  path %PATH%;C:\OSGeo4W3\apps\Python36\Scripts
10
11  set PYTHONPATH=%PYTHONPATH%;%OSGEO4W_ROOT%\apps\qgis-dev\python
12  set PYTHONHOME=%OSGEO4W_ROOT%\apps\Python36
13
14  set PATH=C:\Program Files\Git\bin;%PATH%
15
16  cmd.exe
```

La première étape consiste à définir l'emplacement de la racine
où QGIS est installé à la *ligne 2*. Ensuite, nous appelons le fichier
o4w_env.bat et le fichier GRASS env.bat pour définir certaines variables d'environnement. Ces deux scripts sont inclus dans votre
installation.

Ensuite, nous devons ajuster le paramètre PATH aux *lignes 6-9*. Assurez-
vous que vous utilisez le bon répertoire pour QGIS. Dans cet exemple,
nous travaillons avec la version de développement (avant la version
3.0) donc le répertoire QGIS est qgis-dev.

Enfin, nous configurons la variable PYTHONPATH pour que nous puissions trouver les modules Python de QGIS, et nous faisons pointer la variable d'environnement PYTHONHOME vers l'emplacement de
notre installation de Python 3 (*lignes 11-12*).

A la *ligne 14* nous ajoutons git au chemin puisque nous l'utiliserons
pour le contrôle de version de nos sources. La dernière ligne du
script lance cmd.exe avec tous nos paramètres.
Linux
Si vous avez de la chance, tout est déjà configuré pour vous par
votre gestionnaire de paquets. Si ce n'est pas le cas, nous devons
configurer l'environnement pour qu'il pointe vers l'emplacement
des modules qgis.

Le sous-répertoire que nous recherchons est python/qgis et il contient
les fichiers suivants (ou similaires)

```
PyQt        __pycache__  _core.so  _server.so  core    server   user.py
__init__.py  _analysis.so _gui.so   analysis    gui     testing  utils.py
```

Une fois que vous l'avez trouvé, définissez la variable d'environnement PYTHONPATH. Sur mon système de développement, le répertoire

est

```
/home/gsherman/apps/share/qgis/python
```

nous le définissons donc en utilisant

```
export PYTHONPATH=$HOME/apps/share/qgis/python
```

Remarquez que nous n'avons pas ajouté `qgis` à la fin de la déclaration d'exportation, mais que nous avons utilisé le chemin pointant vers son emplacement. Nous pouvons le tester comme nous l'avons fait au début de la section *Définir l'environnement*, page 51.

Vous pouvez utiliser votre gestionnaire de paquets pour rechercher le paquet QGIS et trouver l'emplacement du répertoire `python/qgis`. Par exemple, sur Debian, Ubuntu et d'autres dérivés de Debian, vous pouvez utiliser dpkg :

```
dpkg -l | grep -i qgis
```

Une fois le paquet trouvé, vous pouvez dresser la liste de tous les fichiers et leur emplacements en utilisant la commande :

```
dpkg -L <your qgis package name>
```

Mac OS X

Sur Mac, QGIS sera probablement installé dans votre répertoire /Applications, à moins que vous ne l'ayez construit à partir de code source. Pour configurer l'environnement, il suffit de définir PYTHONPATH

```
export PYTHONPATH=/Applications/QGIS.app/Contents/Resources/python/
```

Pour la suite, nous nous pencherons sur l'"écosystème" QGIS/Python et sur la manière dont les plugins fonctionnent avec QGIS.

5 L'écosystème QGIS/Python

Ce chapitre retrace un peu d'histoire et comment Python et QGIS fonctionnent ensemble. Vous y découvrirez également comment gérer les plugins Python dans QGIS.

5.1 Histoire

Dès le début du développement de QGIS, une architecture basée sur des plugins a été conçue pour permettre l'ajout dynamique de nouvelles fonctionnalités et capacités. Cette architecture a été créée en utilisant C++. Comme le développement d'un plugin QGIS en C++ n'est pas une tâche triviale, le nombre de contributeurs potentiels était limité.

En 2007, des efforts ont été entrepris pour incorporer Python comme langage de scripts. Python a été choisi parce qu'il est devenu la *lingua franca* du monde des scripts SIG et qu'il s'intègre parfaitement à l'API de QGIS. Lorsque la version 0.9 de QGIS a été publiée fin 2007, elle comprenait la prise en charge du développement de scripts et de plugins en Python.

Avec la première version supportant Python, le nombre de plugins contribués a augmenté à un rythme exceptionnel, contribuant à la croissance générale de QGIS en tant que SIG de bureau de première classe.

5.2   Comment Python et QGIS fonctionnent ensemble

QGIS est édité en C++ et contient plus de 1200 classes qui consti-
tuent la base de code app, core, et gui. La majorité d'entre elles sont
compatibles avec Python grâce à l'utilisation de SIP[13], le générateur
de modules d'extension qui produit du code C++. Ces fichiers "sip"
sont compilés dans le cadre de QGIS pour fournir l'interface Python
aux classes. Le support Python est divisé en un certain nombre de
modules, notamment :

13. https://loc8.cc/ppg/py_sip

— qgis.core - classes de base
— qgis.gui - classes d'interface utilisateur graphique
— qgis.analysis - classes d'analyse

Exemple d'utilisation d'un module QGIS
Pour utiliser les classes QGIS dans l'un des modules, il suffit de les
importer en Python, puis d'appeler les méthodes souhaitées et/ou
d'accéder aux attributs :

```
>>> from qgis.core import QgsVectorLayer
>>> v = QgsVectorLayer()
>>> v.setTitle('Sample Layer')
>>> v.title()
'Sample Layer'
```

Dans ce livre, nous allons nous concentrer sur l'utilisation des deux
premiers modules : core et gui. En tant que développeur PyQGIS,
vous n'avez généralement pas à vous soucier du fonctionnement de
l'intégration ; tout ce dont vous avez besoin est déjà intégré dans
votre instance QGIS.

5.3   Plugins de base et plugins contribués

Les plugins (extensions) QGIS existent en deux versions : C++ et Python. L'édition d'un plugin C++ est considérablement plus compli-
quée que celle d'un plugin PyQGIS—heureusement, c'est ce dernier
qui nous intéresse.

Les plugins sont classés en deux catégories : les plugins "de base" et
les plugins contribués. Les plugins de base font partie de la distri-

bution de QGIS et sont inclus lorsque vous installez l'application. Il peut s'agir de plugins C++ ou Python. Les plugins contribués sont écrits en Python et généralement développés par la communauté des utilisateurs.

Les plugins contribués peuvent devenir des plugins de base s'il s'avère qu'ils fournissent une fonctionnalité clé avantageuse pour la majorité des utilisateurs de QGIS.

Vous pouvez trouver et installer des plugins contribués à partir d'un ou plusieurs *dépôts de plugins*.

5.4   Dépôts de plugins

Le projet QGIS entrepose les plugins Python dans un dépôt central situé à l'adresse `https://plugins.qgis.org/plugins/`. Certaines organisations maintiennent leur propre dépôt public, cependant, la plupart des développeurs sont encouragés à soumettre leur plugins au dépôt officiel de QGIS afin de les rendre facilement accessibles.

Tout le monde peut contribuer au dépôt officiel d'un plugin Python. Plus tard nous verrons comment construire et empaqueter votre plugin afin qu'il soit prêt à être partagé avec d'autres utilisateurs de QGIS.

Les plugins peuvent être installés manuellement, cependant, il est généralement préférable de le faire depuis QGIS, comme décrit dans la section suivante.

5.5   Gestion des extensions

Le gestionnaire d'extensions (plugins) est votre clé pour découvrir, installer et gérer les plugins. Pour accéder au gestionnaire de plugins, sélectionnez `Extensions->Installer/Gérer les extensions` dans le menu.

Figure 5.1, page suivante, montre à quoi ressemble le gestionnaire de plugins lorsqu'il est ouvert pour la première fois depuis le menu. L'affichage par défaut présente une liste des plugins installés, ainsi que certaines fonctions de gestion permettant d'activer/désactiver, mettre à jour, désinstaller et réinstaller un plugin. Les plugins qui sont cochés sont ceux qui sont actuellement activés. De plus, le panneau de droite vous donne des informations sur les plugins installés et sur la façon d'activer ou désactiver un plugin.

FIGURE 5.1: Gestionnaire de plugins au départ

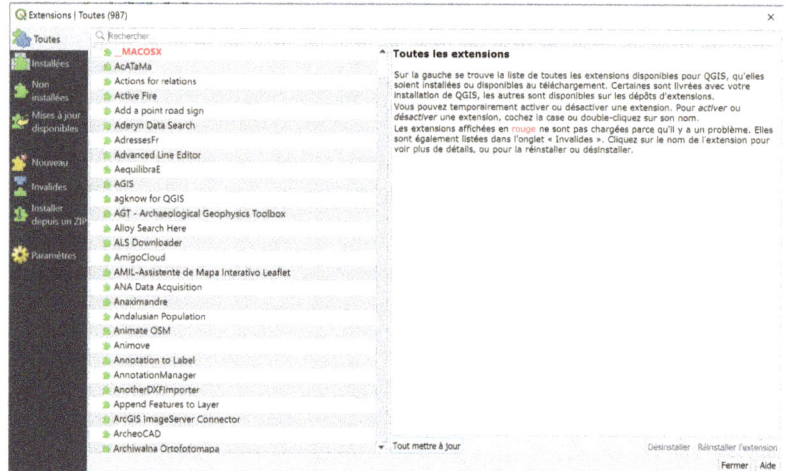

La liste des plugins installés comporte certains aspects importants :

— Les plugins Python et C++ sont répertoriés
— Les plugins de base et les plugins contribués sont listés
— Les plugins de base ne peuvent pas être désinstallés—les boutons de désinstallation et de réinstallation de ces plugins sont toujours désactivés

Vous pouvez distinguer les plugins principaux des plugins complémentaires en examinant le répertoire dans lequel ils sont installés. Les plugins de base sont installés dans le même répertoire que l'application QGIS. Les plugins contribués (Python) sont installés dans un sous-répertoire de votre répertoire HOME (voir Section 5.6, Spécificités des plugins Python, page 60 pour l'emplacement sur votre système d'exploitation).

Installation des plugins Python

Les plugins sont installés à l'aide du *Gestionnaire des extensions*. Lorsque vous ouvrez le *Gestionnaire des extensions* pour la première fois, les dépôts configurés sont interrogés et la liste des extensions est mise à jour et affichée par catégorie : *Toutes*, *Installées*, *Non installées*, *Mises à jour disponibles*, *Nouveau*, et *Invalides*.

Pour installer un nouveau plugin, sélectionnez *Non installées* dans le panneau de gauche et localisez le plugin qui vous intéresse dans la liste, mettez-le en évidence et cliquez sur le bouton *Installer le plugin* pour effectuer l'installation.

Figure 5.2 montre le *Gestionnaire des extensions* prêt à installer le plugin *Plugin Builder*, que nous utiliserons ultérieurement.

🖉 Utilisez le champ *Search* pour réduire la liste des plugins en fonction de leur nom, description, tags, ou auteur.

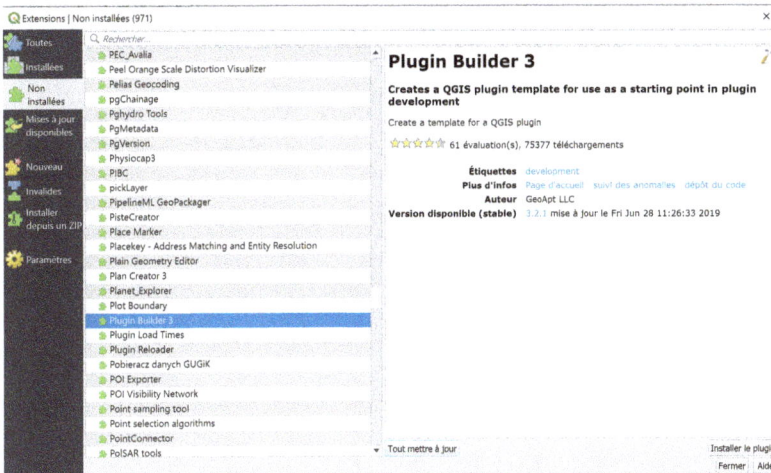

FIGURE 5.2: Installation d'un plugin avec le gestionnaire de plugins

Options du gestionnaire de plugins

En cliquant sur *Paramètres* dans le panneau de gauche du *Gestionnaire des extensions*, on obtient le panneau d'options illustré dans la figure 5.3, page suivante.

Vous pouvez contrôler la fréquence à laquelle QGIS vérifie les mises à jour des plugins en sélectionnant un intervalle dans la liste déroulante.

Certains plugins sont étiquetés comme expérimentaux par leurs auteurs. Cela signifie qu'ils sont fonctionnellement incomplets, ou

FIGURE 5.3: Options du gestionnaire
de plugins

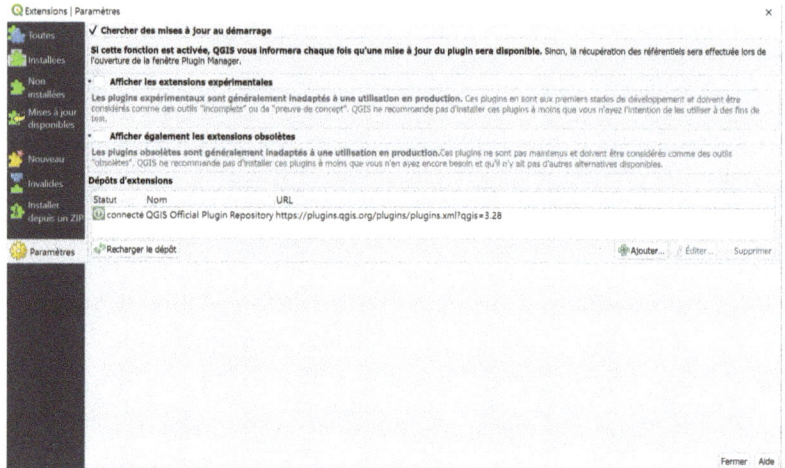

qu'ils sont bogués. Vous pouvez choisir de les faire apparaître dans le *Gestionnaire des extensions* en cliquant sur la case à cocher.

Dans la partie inférieure du panneau des paramètres, vous trouverez la section qui vous permet d'ajouter des dépôts. Par défaut, QGIS configure d'emblée le dépôt principal. Si vous avez besoin d'accéder à d'autres dépôts (par exemple, un dépôt que vous avez créé à des fins de développement), ajoutez-les à la liste en leur donnant un nom et l'URL qui pointe vers le fichier XML décrivant le dépôt. Nous allons expliquer comment configurer votre propre dépôt dans Section 9.17, Configuration d'un dépôt, page 144.

5.6   Spécificités des plugins Python

Les plugins que vous installez à l'aide du *Gestionnaire des extensions* sont téléchargés du dépôt sous forme de fichier zip et extraits dans un emplacement de votre répertoire **home** qui dépend de votre système d'exploitation

```
* Linux:
  .local/share/QGIS/QGIS3/profiles/default/python/plugins/
* Mac OS X:
  Library/Application Support/QGIS/QGIS3/profiles/default/python/plugins
* Windows:
  AppData\Roaming\QGIS\QGIS3\profiles\default\python\plugins
```

Si vous examinez votre répertoire `python/plugins`, vous remarquerez un sous-répertoire pour chaque plugin que vous avez installé. Il est possible d'installer des plugins en téléchargeant simplement le fichier zip et en le décompressant dans votre répertoire de plugins. Cela peut s'avérer utile pendant le développement. Cependant, vous devez généralement utiliser le *Gestionnaire des extensions* pour gérer vos plugins. Nous examinerons les meilleures pratiques de développement et la manière d'empaqueter un plugin dans Chapter 11, Développement des plugins, page 165.

> Dans QGIS 3.x, vous pouvez également installer un plugin à partir d'un fichier zip en choisissant `Installer depuis un ZIP...` dans le menu `Extensions`. Cela permet de s'assurer que vous l'installez au bon endroit.

5.7   Exercices

1. Lancez QGIS et utilisez le *Gestionnaire des extensions* pour installer les plugins suivants (nous en aurons besoin plus tard) :

   a. ScriptRunner
   b. Plugin Builder

2. Déterminez où chaque plugin a installé son menu.
3. Trouvez l'icône de chaque plugin dans la barre d'outils `Extensions`.
4. Utilisez le *Gestionnaire des extensions* pour désactiver *ScriptRunner* et notez les changements apportés au menu et à la barre d'outils des extensions (plugins).
5. Utilisez votre gestionnaire de fichiers ou une fenêtre de commande pour afficher le contenu de votre répertoire `python/plugins` et notez les plugins que vous y trouverez.

6 Explorer l'API QGIS

Avant de nous lancer dans la programmation de PyQGIS, nous devons avoir une compréhension de base de l'utilisation de la documentation des API QGIS et Qt. Puisque des centaines de classes QGIS sont répertoriées dans la documentation, nous n'allons évidemment pas toutes les passer en revue. Dans ce chapitre, nous essaierons d'avoir un aperçu général, ainsi que des détails sur la façon d'exploiter la documentation.

Avant QGIS 3, la documentation disponible en ligne était entièrement en C++. Les valeurs de renvoi, les arguments et les définitions étaient basés sur les types et la terminologie C/C++. Cela posait parfois un problème lorsqu'il s'agissait d'interpréter une classe ou une méthode particulière. Avec la publication de la version 3.0, nous disposons à la fois de la documentation C++ de l'API et d'une nouvelle version Pythonique (compatible avec Python).

6.1 Trouver de la documentation

La documentation de l'API QGIS C++ se trouve à l'adresse suivante : `https://loc8.cc/ppg3/api`. La nouvelle version Pythonique se trouve à : `https://qgis.org/pyqgis/master/`.

La documentation de Qt peut être trouvée à l'adresse suivante : `https://doc.qt.io` ou `https://loc8.cc/ppg3/pyqt_classes`. Nous utiliserons principalement la première, car actuellement la documentation de PyQt n'a pas été mise à jour et ne fait que pointer vers la documentation C++ sur le site web de Qt[14].

14. Le site web de PyQt indique : *"Les versions futures incluront une documentation plus Pythonique."*

Pour QGIS, nous allons nous intéresser à la fois à la documentation C++ et à la version Python, car elles sont toutes les deux utiles et ont un ensemble de fonctionnalités légèrement différent.

6.2   Un exemple simple

Commençons par un exemple simple en utilisant une classe QGIS que nous connaissons déjà assez bien |---| QgsVectorLayer.

Si vous consultez la documentation C++ (`https://qgis.org/api/classQgsVectorLayer.html`), la première chose que vous remarquerez est le diagramme des classes :

FIGURE 6.1: Diagramme de classe

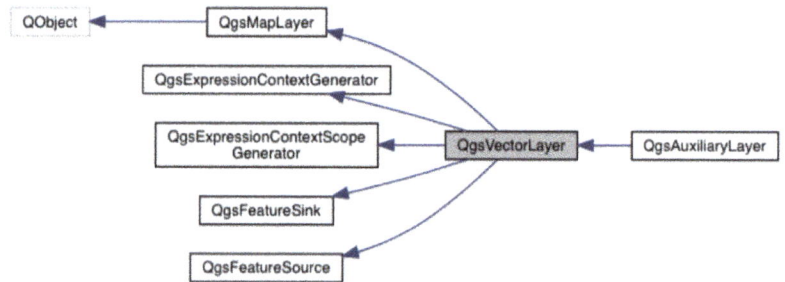

Le diagramme montre les classes parentes de QgsVectorLayer : QgsMapLayer (qui à son tour hérite de QObject), QgsExpressionContextGenerator, QgsExpressionContextScopeGenerator, QgsFeatureSink, et QgsFeatureSource. Cela signifie que la QgsVectorlayer hérite des attributs et des méthodes de chacune de ses parents.

La classe **QgsMapLayer** présente un intérêt particulier, car elle est la parente des classes de couches vectorielles et raster. Les méthodes présentes dans la classe **QgsMapLayer** sont accessibles à partir d'une instance de la classe **QgsVectorLayer**. Par exemple, la classe **QgsMapLayer** possède une méthode `isEditable`, qui renvoie true si la couche est en mode édition et false sinon, ainsi que la méthode `isValid`, qui détermine si la couche peut effectivement être utilisée comme source de données valide.

Si nous examinons la version Python (`https://python.qgis.org/api/core/Vector/QgsVectorLayer.html`), nous constatons :

Class: QgsVectorLayer

class `qgis.core.QgsVectorLayer`*(path: str = '', baseName: str = '', providerLib: str = '', options: QgsVectorLayer.LayerOptions = QgsVectorLayer.LayerOptions())* 🔗

  Bases: `qgis._core.QgsMapLayer` , `qgis._core.QgsExpressionContextGenerator` ,

  `qgis._core.QgsExpressionContextScopeGenerator` , `qgis._core.QgsFeatureSink` ,

  `qgis._core.QgsFeatureSource`

Il n'y a pas de diagramme de classes, mais il y a une liste de classes de base au-dessous de la déclaration de la classe. Vous remarquerez que cette liste est similaire à celle présentée dans le diagramme de classes, à l'exception de la partie concernant le fait que QObject est la parente de QgsMapLayer. Il manque également l'héritage de QgsAuxillaryLayer, une classe dérivée de QgsVectorLayer.

> La version Python de la documentation de l'API QGIS est relativement récente et sera probablement amenée à évoluer dans le temps.

Le diagramme de classes de la documentation C++ est pratique dans la mesure où vous pouvez cliquer sur n'importe quelle zone et accéder à la documentation de cette classe.

Penchons-nous maintenant sur la documentation du constructeur, la façon dont nous créons l'objet QgsVectorLayer. La documentation C++ ressemble à ceci

```
QgsVectorLayer( const QString &path = QString(),
                const Qstring &baseName = QString(),
                const Qstring &providerLib = "ogr",
                const QgsVectorLayer::LayerOptions &options
                    = QgsVectorLayer::LayerOptions() )
```

Vous remarquerez d'abord que le type spécifié pour la plupart des arguments est QString. QString est une classe Qt qui représente une chaîne de caractères. Comme C++ est un langage fortement typé, chaque argument, variable, et valeur de retour doit avoir un type spécifié.

> La documentation de l'API QGIS est centrée sur le C++, ce qui signifie que tous les types que vous verrez sont des types C++.

Dans la documentation Python, nous avons la même information

```
class qgis.core.QgsVectorLayer(path: str = '',
                               baseName: str = '',
                               providerLib: str = '',
                               options: QgsVectorLayer.LayerOptions
                                   = QgsVectorLayer.LayerOptions())
```

Les trois premiers paramètres sont des chaînes de caractères Python (str class), et le dernier est une classe (un struct en C++) qui contient des options à appliquer lorsque la couche est créée.

Nous l'avons vu précédemment, voici comment nous utiliserons QgsVectorLayer en Python

```
layer = QgsVectorLayer('/data/alaska.shp', 'Alaska', 'ogr')
```

Puisque PyQt "fait correspondre" les types Python aux types C++, nous pouvons simplement utiliser des chaînes de caractères Python pour créer la couche.

Voici un petit tableau qui vous aidera à utiliser la documentation C++ :

Python et C++

Voici les équivalents Python des types Qt/C++ que vous trouverez dans la documentation de l'API :

Qt/C++	Python
QList, QSet, QVector	list
QMap	dict
QString	string
bool	bool

Rappelons que tout argument suivi d'un signe égal est facultatif. En examinant notre documentation, nous constatons que tous les arguments du constructeur de QgsVectorLayer sont optionnels, ce qui signifie que nous pouvons créer un QgsVectorLayer sans spécifier aucun argument

```
layer = QgsVectorLayer()
```

Bien que nous puissions créer une couche de cette manière, ce n'est pas très utile

```
>>> layer = QgsVectorLayer()
>>> layer.isValid()
False
```

Bien que *layer* soit un objet valide, ce n'est pas une couche valide puisqu'aucune source de données ou fournisseur n'a été spécifié lors de sa création. Ce n'est pas parce qu'un constructeur ou une méthode a des valeurs par défaut que nous devons toujours les utiliser.

À partir de ce point, nous utiliserons la documentation C++ pour nos exemples, en partie pour que vous puissiez voir la relation entre les types C++ et leurs équivalents Python. N'hésitez pas à utiliser également la documentation Pythonique.

Examinons une autre classe QGIS : QgsPointXY, qui représente un simple point 2D. Dans la documentation, nous trouvons plusieurs façons de construire un point, parmi elles

```
QgsPointXY ()
QgsPointXY (const QgsPointXY &p)
QgsPointXY (double x, double y)
```

La première méthode crée un objet Point "vide" à 0,0. La deuxième crée un nouveau point à partir d'un point existant, et la dernière crée un point à partir des valeurs de x et y fournies

```
>>> point1 = QgsPointXY()
>>> point1
(0,0)
>>> point2 = QgsPointXY(21.2, 100.9)
>>> point2
(21.2,100.9)
>>> point3 = QgsPointXY(point2)
>>> point3
(21.2,100.9)
```

Maintenant que nous avons une idée de base de la façon dont les classes individuelles sont documentées, faisons un bref voyage dans le monde des signaux et des slots.

6.3 Signaux et slots

Qt utilise le concept de signaux et de slots pour communiquer entre les objets. Un objet peut émettre un signal qui peut être reçu par un slot dans un autre objet. Un exemple concret rendra les choses plus claires.

Les éléments de menu et de barre d'outils dans Qt (et donc dans QGIS) sont généralement créés en utilisant un objet QAction :

Le terme *self* est le parent de l'action et, dans ce cas, fait référence à la classe contenant l'action. En général, vos actions ont un parent, et cet exemple a été pris à partir d'une définition de classe existante.

```
self.zoomin_action = QAction(
        QIcon(":/ourapp/zoomin_icon"),
        "Zoom avant",
        self)
```

Cela crée une action avec une icône et une étiquette texte de "Zoom avant". Une action doit être ajoutée à un menu et/ou à une barre d'outils avant d'avoir une quelconque utilité pratique. Si nous examinons la documentation Qt pour la QAction (https://loc8.cc/ppg3/qt_action), nous trouvons un certain nombre de signaux qui lui sont associés :

— changed()
— hovered()
— toggled(bool checked)
— triggered(bool checked = false)

Bien que les autres signaux puissent présenter un intérêt, lorsqu'une action est placée dans un menu et/ou une barre d'outils, nous sommes principalement concernés par le signal *déclenché*. Ce signal est émis lorsque l'utilisateur clique sur l'élément de menu ou le bouton de la barre d'outils ou appuie sur le raccourci clavier de l'action.

Le signal émis n'est d'aucune utilité s'il n'est pas connecté à un slot, c'est-à-dire une méthode qui fait quelque chose en réponse à l'action déclenchée. Nous connectons notre action à un slot comme ceci :

```
self.zoomin_action.triggered.connect(self.zoom_in)
```

Cela signifie que lorsque notre *zoom_action* est déclenchée, la méthode zoom_in (définie dans ce cas ailleurs dans notre classe) sera appelée.

Vous pouvez l'imaginer comme un écouteur qui attend qu'un signal soit émis et qui fait ensuite quelque chose en réponse. Pour un exemple d'action connectée à un slot, voir Section 14.4, Ajouter des outils cartographiques à l'application, page 225.

6.4   Structure de la documentation QGIS

La présentation de la documentation de QGIS est similaire à celle de la documentation de Qt. Typiquement, vous trouverez ces sections (parmi d'autres) pour une classe donnée :

— Slots publiques- méthodes auxquelles nous pouvons nous connecter et/ou que nous pouvons surcharger dans notre propre classe dérivée.
— Signaux - signaux que nous pouvons connecter aux slots
— Fonctions publiques - fonctions/méthodes que nous pouvons appeler
— Fonctions publiques statiques - fonctions/méthodes que nous pouvons appeler sans avoir une instance de la classe.
— Fonctions membres protégées - en C++, fonctions/méthodes accessibles uniquement par la classe ou les classes dérivées, mais accessibles pour nous en Python.

Examinons quelques unes de ces sections de la documentation de QgsVectorLayer pour avoir une meilleure idée de la façon d'utiliser la documentation de l'API.

Slots publics

QgsVectorLayer a un certain nombre de slots

QgsVectorLayer possède également des slots publics hérités de *QgsMapLayer* qui ne sont pas présentés ici.

```
void  deselect (const QgsFeatureId featureId)
  Deselect feature by its ID. More...

void  deselect (const QgsFeatureIds &featureIds)
  Deselect features by their ID. More...

void  removeSelection ()
  Clear selection. More...

void  select (QgsFeatureId featureId)
  Select feature by its ID. More...

void  select (const QgsFeatureIds &featureIds)
  Select features by their ID. More...
```

```
bool  startEditing ()
  Make layer editable. More...

virtual void  updateExtents (bool force=false)
  Update the extents for the layer. More...
```

Il s'agit de méthodes auxquelles nous pouvons nous connecter à partir d'une QAction ou d'un autre élément d'interface graphique Qt tel qu'une boîte de dialogue déroulante ou une case à cocher.

Bien que ce soient des slots, ils peuvent être appelés comme n'importe quelle autre méthode de la classe. Par exemple, nous pouvons utiliser le slot startEditing pour mettre la couche en mode édition

```
>>> layer.isEditable()
False
>>> layer.startEditing()
True
>>> layer.isEditable()
True
```

En utilisant la méthode publique isEditable, nous vérifions si nous avons réussi.

Si notre plugin ou application ajoute ou supprime des fonctionnalités de la QgsVectorLayer, nous voudrions connecter le signal editingStopped au slot updateExtents. Cela recalculerait les étendues en fonction des géométries spatiales actuelles.

Signaux

QgsVectorLayer possède un bon nombre de signaux ; en voici quelques uns tirés de la documentation

```
void        attributeAdded (int idx)
  Will be emitted, when a new attribute has been added to this
  vector layer.

void        attributeDeleted (int idx)
  Will be emitted, when an attribute has been deleted from this
  vector layer.

void        attributeValueChanged (QgsFeatureId fid, int idx,
                          const QVariant &value)
  Is emitted whenever an attribute value change is done in the
  edit buffer.
```

```
void         beforeAddingExpressionField (const QString &fieldName)
  Will be emitted, when an expression field is going to be added
  to this vector layer.

void         beforeCommitChanges ()
  Is emitted, before changes are committed to the data provider.

void         beforeEditingStarted ()
  Is emitted, before editing on this layer is started.

  ...

void         editingStarted ()
  Is emitted, when editing on this layer has started.

void         editingStopped ()
  Is emitted, when edited changes successfully have been written to the
  data provider.

  ...
```

Chaque fois que vous souhaitez effectuer une action basée sur un événement dans votre plugin ou votre application, vous devez connecter l'un de ces signaux à la méthode ou à la fonction appropriée dans votre code.

Comme nous l'avons illustré dans l'exemple précédent, nous pourrions connecter le signal editingStopped à une fonction qui appelle le slot updateExtents pour mettre à jour les étendues après que des modifications ont été apportées à la couche

```
self.layer = QgsVectorLayer('/data/alaska.shp', 'Alaska', 'ogr')
self.layer.editingStopped.connect(self.update_our_extents)
...
def update_our_extents(self):
    self.layer.updateExtents()
```

Il s'agit d'un exemple quelque peu artificiel. généralement, lors de l'édition d'éléments via l'interface QGIS cela se fait automatiquement.

Fonctions publiques

QgsVectorLayer possède plusieurs fonctions publiques (méthodes) qui traitent de l'ajout/modification/suppression d'éléments et d'attributs, ainsi que le rendu, la sélection des entités, et le renvoi d'informations à propos de la couche.

Nous n'allons pas énumérer les méthodes ici—pour savoir ce qu'une classe QGIS peut faire, examinez ses fonctions publiques.

Fonctions membres publiques statiques

Les fonctions ou méthodes statiques sont différentes des méthodes que nous avons mentionnées précédemment. La plupart des méthodes nécessitent une *instance* de la classe avant de pouvoir y accéder. Dans cet extrait de de code, *layer* est la variable qui contient une instance de **QgsVectorLayer**

```
layer = QgsVectorLayer('/data/alaska.shp', 'Alaska', 'ogr')
```

En d'autres termes, nous avons créé un objet **QgsVectorLayer** en appelant son constructeur. Les méthodes statiques n'utilisent pas d'instance—Nous les appelons directement en faisant référence au nom de la classe.

Vous pouvez accéder au panneau des messages du journal en cliquant sur l'icône "bulle de texte" en bas à droite de la barre d'état.

Puisque la méthode statique de **QgsVectorLayer** n'est pas très adaptée pour notre exemple, illustrons en utilisant :class :'QgsMessageLog, une classe qui écrit une entrée dans le panneau *Journal des messages* de QGIS. **QgsMessageLog** possède une méthode statique

```
static void  logMessage (const QString &message,
                         const QString &tag=QString(),
                         Qgis::MessageLevel level=Qgis::Warning)
```

Pour enregistrer un message sur le panneau, il suffit d'utiliser

```
QgsMessageLog.logMessage('Ceci est un avertissement---lisez attentivement',
                         'Maps-be-us')
```

Vous pouvez essayer QgsMessage-Log depuis la console Python de QGIS

Nous n'avons pas besoin d'une instance de **QgsMessageLog** pour utiliser la méthode. Nous devons simplement fournir notre message, une balise qui sera utilisée comme nom d'onglet dans le panneau, et un niveau de message facultatif. Nous n'avons pas fourni de niveau de message puisque "Warning" est le niveau par défaut. Si nous voulions un niveau différent, nous pourrions :

QgsMessageLog.logMessage('Ceci est un avertissement—lisez attentivement',
  'Maps-be-us', Qgis.Critical)

Un autre exemple est la classe Qt **QMessageBox**. Si nous jetons un
coup d'œil sur la documentation de Qt, nous trouvons ces méthodes
statiques publiques

```
void  about(QWidget *parent, const QString &title, const QString &text)

void  aboutQt(QWidget *parent, const QString &title = QString())

StandardButton critical(QWidget *parent, const QString &title,
                        const QString &text, StandardButtons buttons = Ok,
                        StandardButton defaultButton = NoButton)

StandardButton information(QWidget *parent, const QString &title,
                        const QString &text, StandardButtons buttons = Ok,
                        StandardButton defaultButton = NoButton)

StandardButton question(QWidget *parent, const QString &title,
                        const QString &text,
                        StandardButtons buttons = StandardButtons( Yes | No ),
                        StandardButton defaultButton = NoButton)

StandardButton warning(QWidget *parent, const QString &title,
                        const QString &text, StandardButtons buttons = Ok,
                        StandardButton defaultButton = NoButton)
```

Chacune de ces méthodes peut être utilisée sans créer un objet
QMessageBox. Certaines de ces méthodes ont des valeurs facultatives—rappelez-
vous que tout argument suivi d'un signe égal est facultatif. Si vous
ne fournissez pas de valeur, la valeur par défaut est utilisée.

Par exemple, pour créer une simple boîte "à propos", on peut utiliser

```
QMessageBox.about(
    None,
    'A propos de mon plugin',
    "Aucun animal n'a ete maltraite lors du developpement de ce plugin")
```

Ce qui nous donne la simple boîte à propos montrée dans la figure
6.2, page suivante.

Pour afficher un message d'avertissement, nous pourrions utiliser

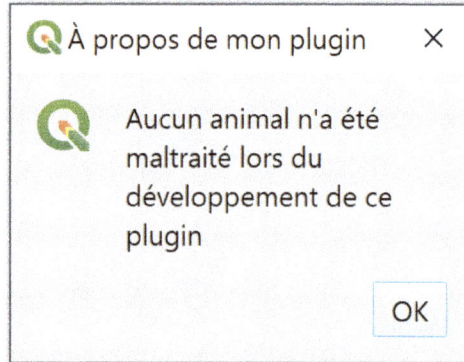

```
QMessageBox.warning(
        None,
        'Mon plugin',
        'Attention, le fichier de configuration est manquant')
```

Cette méthode statique nous donne un petit message d'avertissement comme indiqué dans la Figure 6.3.

FIGURE 6.3: Un message créé avec QMessageBox.Warning

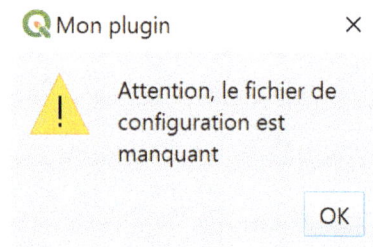

Les méthodes statiques publiques sont rapides et faciles à utiliser et vous les trouverez dans les API de QGIS et de Qt. Veillez à consulter la documentation de l'API d'une classe pour vous familiariser avec les méthodes disponibles.

6.5   Traiter les types de renvoi PyQt

Dans certains cas, vous constaterez que les types de renvoi sont différents entre C++ (Qt) et Python (PyQt). En C++, de nombreuses méthodes Qt "remplissent" une variable que vous fournissez à la méthode. Dans ces situations, Python renvoie une liste (en fait un tuple).

Voyons un exemple simple utilisant la méthode statique getText dans QInputDialog. La méthode getText vous permet de présenter une boîte de dialogue simple à l'utilisateur et d'obtenir une chaîne de caractères en retour.

Voici la documentation du site de Qt

```
QString QInputDialog getText (QWidget *parent,
                        const QString  &title,
                        const QString  &label,
                        QLineEdit::EchoMode mode=QLineEdit::Normal,
                        const QString  &text=QString(),
                        bool  *ok = Q_NULLPTR,
                        Qt::WindowFlags flags = Qt::WindowFlags(),
                        Qt::InputMethodHints inputMethodHints = Qt::ImhNone)
```

Remarquez qu'il y a beaucoup d'arguments par défaut dans la méthode *getText*. Si nous fournissons l'argument ok, getText le remplira avec true si l'utilisateur appuie sur le bouton *OK* et false s'il annule le dialogue. En C++, nous ferions quelque chose comme

```
bool ok;
QString text = QInputDialog::getText(this, "Saisissez votre nom"),
                        "Nom:", QLineEdit::Normal,
                        'Personne', &ok);
```

Lorsque la boîte de dialogue est fermée, nous pourrions vérifier si ok est "true" (vrai) et ensuite utiliser la chaîne de caractères renvoyée dans notre variable text.

Dans PyQt, les variables ne sont pas typiquement "remplies" pendant un appel de fonction, mais plutôt les résultats sont retournés comme un tuple (voir la section sur les tuples, page 27). Lorsque vous utilisez une méthode Qt qui renvoie à la fois une valeur et "remplit" une ou plusieurs variables, attendez-vous à ce que le retour soit un tuple.

Voyons comment cela fonctionne avec Python à l'aide de quelques exemples.

Vous pouvez l'essayer en utilisant la console Python de QGIS.

D'abord avec une seule valeur de retour

```
return_value = QInputDialog.getText(None, 'Qui êtes-vous ?',
                                    "Saisissez votre nom :")
```

Cela nous donne un joli petit dialogue :

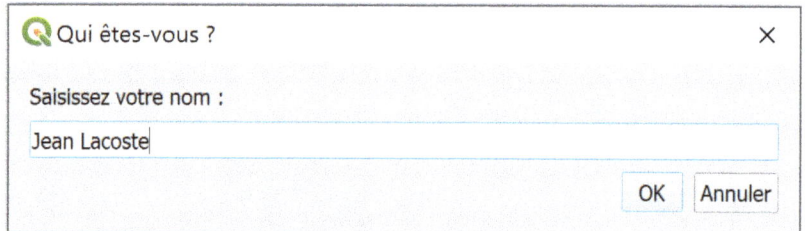

Entrez un nom et cliquez sur *OK*, puis regardons la valeur de retour

```
>>> return_value
('Jean Lacoste', True)
```

Notre valeur de retour est un tuple, contenant deux éléments : le texte que nous avons saisi, et *True* pour indiquer que nous avons appuyé sur le bouton *OK*. Si nous avons cliqué sur *Cancel*, que nous ayons saisi ou pas un nom, nous obtenons

```
return_value
('', False)
```

Nous pouvons également spécifier la valeur de retour de cette façon

```
(name, ok) = QInputDialog.getText(None, 'Qui êtes-vous ?',
                                  "Saisissez votre nom :")
```

Lorsque la méthode répond, nous vérifions ok et déterminons ce qu'il faut faire

```
if ok:
    print("Merci pour le nom: %s" % name)
else:
    print("Vous avez annulé la saisie de votre nom")
```

Pour la suite, nous allons lancer la console Python de QGIS et commencer à profiter des capacités de PyQGIS.

7 Utiliser la console

La console Python de QGIS est idéale pour effectuer des tâches ponctuelles ou expérimenter avec l'API. Elle peut-être très pratique quand vous voulez automatiser une tâche à l'aide d'un script, sans avoir à développer un plugin complet.

Dans ce chapitre, nous allons nous pencher sur l'utilisation de la console pour explorer le fonctionnement de PyQGIS.

7.1 Fonctionnalités et options de la console

Passons rapidement en revue les fonctionnalités et les options de la console. Avec QGIS en cours d'exécution, ouvrez la console en utilisant le menu *Extensions->Console Python*. La figure 7.1 montre la console juste après son ouverture. Normalement, lorsque vous ouvrez la console pour la première fois, elle est ancrée au bas de la fenêtre QGIS ; dans notre exemple, nous l'avons désancrée pour agrandir un peu la fenêtre.

Le panneau inférieur de la console est la zone de saisie ; les résultats de la saisie sont affichés dans le panneau supérieur.

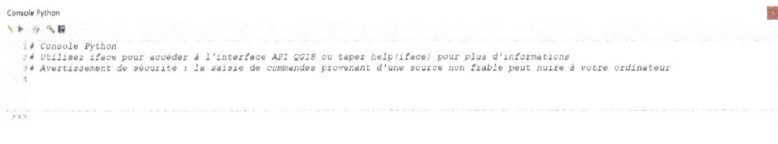

FIGURE 7.1: La Console Python

En haut de la console, vous verrez une barre d'outils qui contient les outils suivants, de gauche à droite :

Effacer la console : Efface la console de toutes les commandes et sorties précédentes.

Exécuter la commande : Exécuter la commande en cours dans la zone de saisie

Afficher l'éditeur : Basculer la visibilité de l'éditeur

Options : Configurer le comportement de la console

Aide : Ouvrir la fenêtre d'aide de la console

Options de la console

Un clic sur le bouton *Options* fait apparaître la boîte de dialogue des options de la console, comme indiqué dans la figure 7.2, page suivante.

Vous pouvez définir la police de caractères pour la console et l'éditeur, et aussi activer l'autocomplétion. Pour l'éditeur, vous pouvez également activer l'inspecteur d'objets qui vous permet d'obtenir une vue d'ensemble de votre code.

Enfin, vous pouvez choisir d'utiliser les fichiers API préchargés ou décocher l'option et ajouter manuellement vos propres fichiers. En général, vous pouvez vous en tenir aux fichiers préchargés car ils contiennent les informations nécessaires à l'autocomplétion dans les API PyQt et QGIS.

7.2   *Utilisation de l'éditeur de la console*

L'éditeur de console fournit un environnement dans lequel vous pouvez modifier le code, en bénéficiant d'une coloration syntaxique et d'une autocomplétion. Cela peut être utile pour l'édition de scripts concis, le prototypage et les tests. En général, il est préférable d'utiliser son éditeur ou son IDE préféré lorsqu'on travaille sur un projet de plus grande envergure.

Ouvrez l'éditeur en cliquant sur le bouton *Afficher l'éditeur* dans la barre d'outils de la console.

Examinons quelques-unes des caractéristiques de l'éditeur.

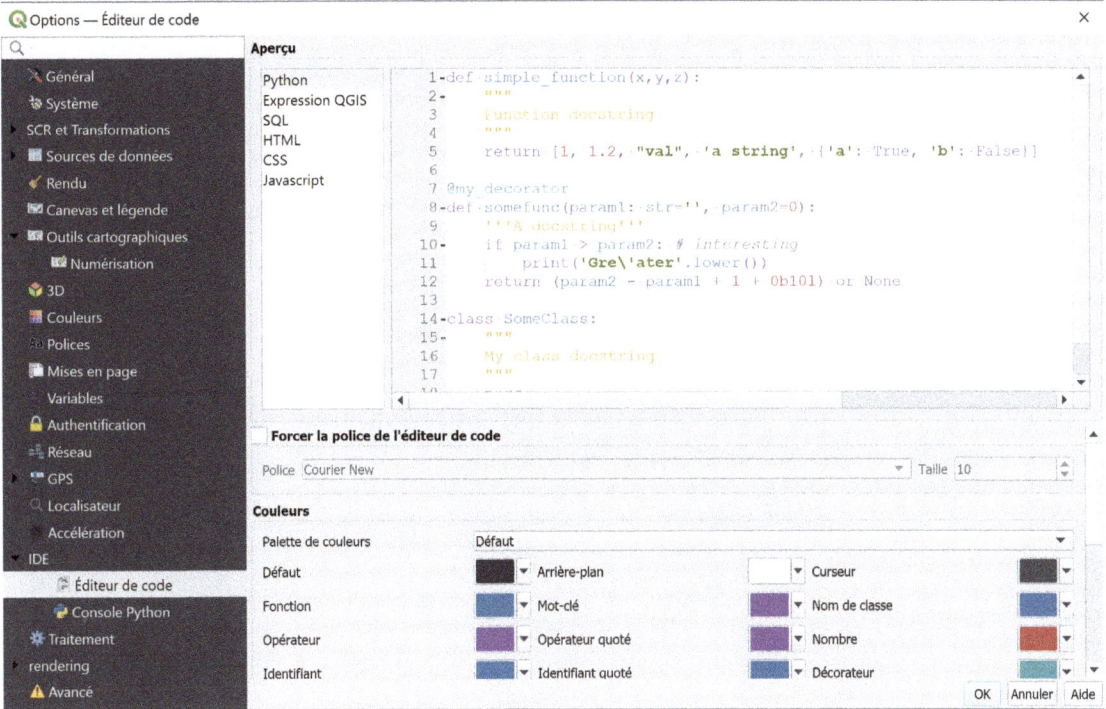

FIGURE 7.2: Paramètres de la console Python

La barre d'outils

La barre d'outils de l'éditeur de console contient les outils suivants, de gauche à droite :

Ouvrir le script : Ouvrir un script Python situé sur le disque. Plusieurs fichiers peuvent être ouverts, chacun étant affecté à un nouvel onglet.

Ouvrir dans un éditeur externe : Ouvrir le script actuel dans votre éditeur par défaut

Enregistrer : Enregistrer le script modifié

Enregistrer sous : Enregistrer le script actuel dans un fichier avec un nouveau nom ou un nouvel emplacement

Lancer le script : Exécuter le script actuel dans la console

Couper : Couper le texte sélectionné dans le presse-papiers

Copier : Copier le texte sélectionné dans le presse-papiers

Coller : Coller le contenu du presse-papiers à l'emplacement actuel du curseur

Trouver un texte : Rechercher dans le script actuel les occurrences d'une chaîne de caractères donnée

Commentaire : Commenter la ligne en cours ou un ensemble de lignes sélectionnées

Décommenter : Décommenter la ligne courante ou un ensemble de lignes sélectionnées

Inspecteur d'objet : Ouvrez l'inspecteur d'objets pour afficher une hiérarchie des classes, des méthodes et des fonctions dans le script actuel

Charger, éditer et exécuter un script

Chargeons le script trivial `simplepoint.py` que nous avons utilisé au Chapter 3, Les bases de Python 3, page 25 et examinons de près comment l'utiliser dans l'éditeur de console.[15]

15. Le script `simplepoint.py` se trouve dans le fichier zip à l'adresse `https://locatepress.com/ppg3/data_code`.

Figure 7.3, page suivante montre notre script chargé dans l'éditeur et le panneau de l'inspecteur d'objet étant visible. Voici ce que nous avons entrepris pour arriver au point indiqué dans la figure :

1. Ouvrez la console Python

2. Cliquez sur le bouton *Afficher l'éditeur*

3. Cliquez *Ouvrir le script* et chargez `simplepoint.py`

4. En utilisant l'éditeur, ajoutez la fonction `my_function` au bas de `simplepoint.py`

5. Cliquez sur *Enregistrer* pour enregistrer le fichier

6. Ouvrez le *Inspecteur d'objet* et cliquez sur le '>' pour étendre le noeud *Point* (assurez-vous que l'Inspecteur est activé dans *Options*)

7. Cliquez sur le bouton *Lancer le script*

8. Entrez quelques commandes dans la console

```
>>> my_function()
'this does nothing'
>>> p = Point(1, 1)
>>> p.draw()
Drawing the point at 1, 1
>>> p.move(100, 100)
Moving the point to 100, 100
```

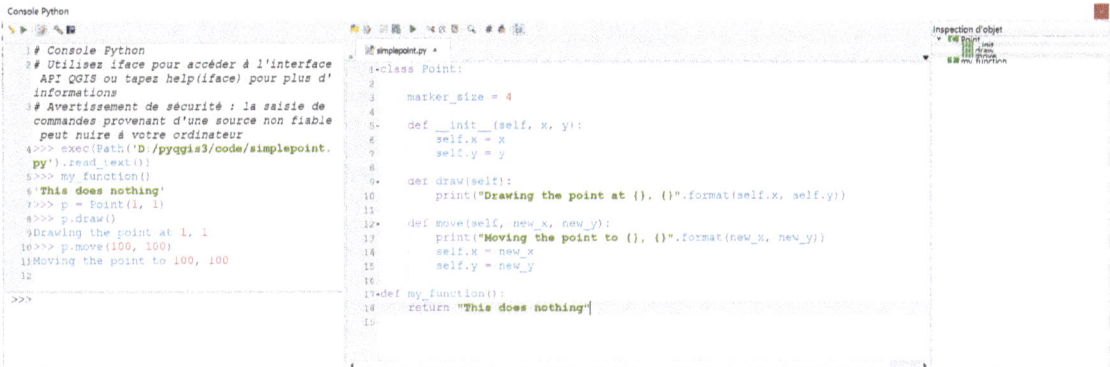

FIGURE 7.3: Un script simple chargé dans l'éditeur

En principe, nous ne devrions pas regrouper les définitions d'une classe et les fonctions qui n'appartiennent pas à la classe dans le même fichier source, mais nous l'avons fait ici juste pour illustrer les fonctionnalités de l'inspecteur d'objets. Vous pouvez voir que notre classe est listée, ainsi que ses méthodes et notre nouvelle fonction. C'est utile pour naviguer dans le code—le véritable avantage étant lorsque votre code dépasse quelques dizaines de lignes.

Lorsque nous cliquons sur *Lancer le script* dans l'éditeur, cela exécute notre code dans la console. Étant donné que notre code ne définit qu'une classe et une fonction, aucune sortie n'est affichée dans la console, à l'exception de l'instruction exec qui montre que le script a été ouvert. Notre classe et notre fonction sont maintenant disponibles pour être utilisées.

Dans le panneau de la console (côté gauche), vous pouvez voir la sortie de nos commandes. Nous examinerons plus en détail l'utilisation de la console/éditeur pour l'exécution de scripts lorsque nous aborderons le Chapitre 8, Exécution de scripts, page 91.

Maintenant que nous disposons d'une vue d'ensemble de la console et de l'éditeur, mettons-la en pratique. Dans l' Introduction, nous avons utilisé la console pour manipuler la vue cartographique dans QGIS en utilisant les méthodes exposées par l'objet iface. Nous allons maintenant approfondir la démarche en chargeant des données et en travaillant avec l'interface.

7.3   Chargement d'une couche vectorielle

Pour commencer, nous allons charger un fichier shapefile dans QGIS en utilisant la console. Pour ce faire, nous allons utiliser le fichier shapefile world_borders.shp de l'ensemble de données d'exemple.

Avec QGIS en cours d'exécution, ouvrez la console en utilisant le menu Extensions->Console Python. Puisque les modules qgis.core et qgis.gui sont importés lors du démarrage, nous pouvons commencer à utiliser l'API immédiatemennt.

Vous n'avez pas besoin de l'éditeur pour le moment — fermez-le en cliquant sur le bouton Afficher l'éditeur.

Pour charger le fichier shapefile, nous allons utiliser la classe QgsVectorLayer en créant une instance de celle-ci et en passant le chemin vers le fichier shapefile et le nom du fournisseur de données. Si vous vous rappelez, nous avons jeté un coup d'oeil à la documentation de QgsVectorLayer en Section 6.1, Trouver de la documentation, page 63 :

```
QgsVectorLayer( const QString &path = QString(),
                const Qstring &baseName = QString(),
                const Qstring &providerLib = "ogr",
                const QgsVectorLayer::LayerOptions &options
                    = QgsVectorLayer::LayerOptions() )
```

Les paramètres sont :

path :
    Le chemin complet vers la couche
baseName :
    Un nom à utiliser dans la légende
providerLib :
    Le fournisseur de données à utiliser avec cette couche

options :

Paramètres optionnels pour le chargement de la couche (voir la documentation pour LayerOptions)

D'abord nous créons la couche dans la console

```
wb = QgsVectorLayer('/data/world_borders.shp', 'world_borders', 'ogr')
```

Il est possible de créer une couche vectorielle qui n'est pas valide. Par exemple, nous pouvons spécifier un chemin bidon vers un fichier shapefile

```
>>> bogus = QgsVectorLayer('/does/not/exist.shp', 'bogus_layer', 'ogr')
>>> bogus
<qgis.core.QgsVectorLayer object at 0x1142059e0>
```

Remarquez qu'il n'y a pas d'erreur de QGIS dans la console même si le fichier shapefile n'existe pas. En regardant de près, vous avez peut-être remarqué une entrée dans le panneau *Journal des messages* sous l'onglet OGR. Il s'agit du seul avertissement et, pour cette raison vous devriez toujours vérifier la validité d'une couche avant de l'ajouter au canevas de la carte

```
>>> bogus.isValid()
False
```

Si la méthode isValid() renvoie False, il y a un problème avec la couche et elle ne peut pas être ajoutée à la carte.

Pour en revenir à notre couche valide, world_borders, vous remarquerez que rien ne s'est produit sur le canevas de la carte. Nous avons créé une couche, mais pour qu'elle s'affiche, nous devons l'ajouter à la liste des couches de la carte. Pour ce faire, nous appelons une méthode de la classe QgsProject :

```
QgsProject.instance().addMapLayer(wb)
```

Une fois que nous avons fait cela, la couche est affichée sur la carte comme le montre la figure suivante 7.4, page suivante.

En résumé, nous avons

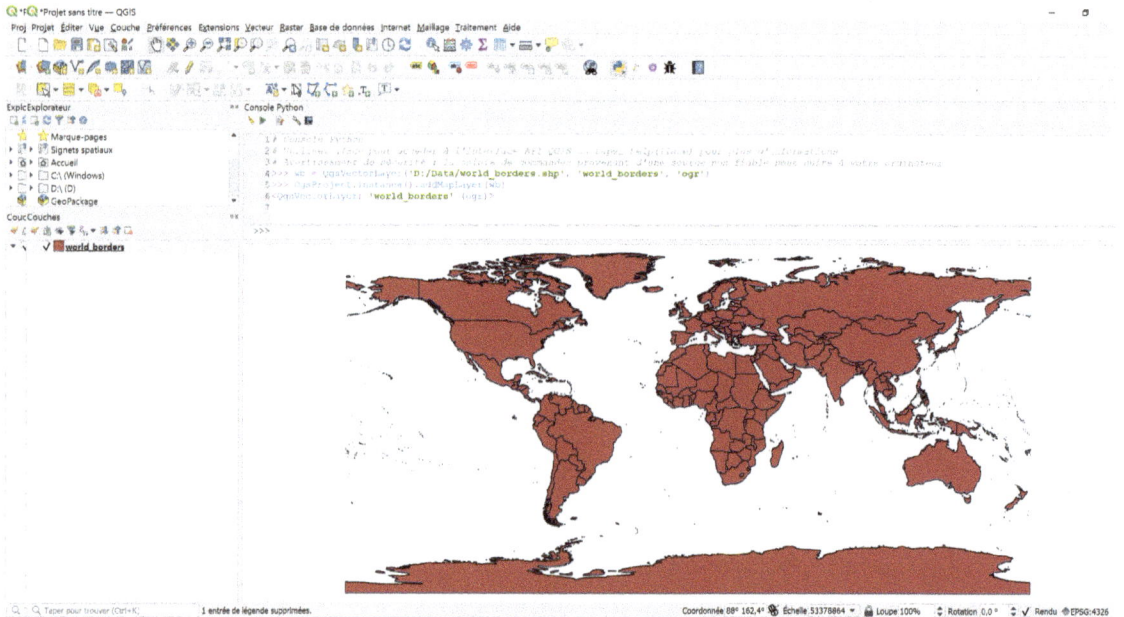

FIGURE 7.4: Utilisation de la console
pour charger une couche vectorielle

```
wb = QgsVectorLayer('/data/world_borders.shp', 'world_borders', 'ogr')
if wb.isValid():
    QgsProject.instance().addMapLayer(wb)
```

Si l'on veut enlever la couche, on utilise la méthode removeMapLayer et l'identifiant de la couche comme argument

```
QgsProject.instance().removeMapLayer(wb)
```

La couche est supprimée de la légende, mais le canevas de la carte n'est pas rafraîchi, nous devons donc appeler explicitement la méthode refresh.

```
iface.mapCanvas().refresh()
```

pour compléter la tâche.

Une autre manière de procéder serait de charger la couche directement comme ceci

```
wb = iface.addVectorLayer('/data/world_borders.shp',
                          'world_borders', 'ogr')
```

Cela fonctionne également pour les couches raster en utilisant iface.addRasterLayer.

7.4 *Exploration de la symbologie vectorielle*

Lorsque vous chargez une couche vectorielle, elle est affichée à l'aide d'un symbole simple et d'une couleur aléatoire. Nous pouvons changer l'aspect d'une couche chargée en modifiant les attributs du symbole.

Tout d'abord, créons notre couche world_borders et ajoutons-la au canevas de la carte

```
>>> wb = iface.addVectorLayer('/data/world_borders.shp',
                              'world_borders', 'ogr')
```

Ensuite, nous récupérons une référence du système d'affichage :

```
>>> renderer = wb.renderer()
>>> renderer
<qgis._core.QgsSingleSymbolRenderer object at 0x11a9c83a8>
```

Notre couche est restituée en utilisant un objet de la classe QgsSingleSymbolRenderer qui dans notre cas, est un simple remplissage de polygone.

Pour obtenir le symbole, on utilise

```
>>> symbol = renderer.symbol()
```

Pour obtenir un peu d'information sur le symbole, nous pouvons utiliser la méthode dump

```
>>> symbol.dump()
u'FILL SYMBOL (1 layers) color 134,103,53,255'
```

La sortie nous montre que notre couche est restituée à l'aide d'un symbole de remplissage utilisant une couleur avec des valeurs RGB de 134, 103, 53 et sans transparence. Changeons la couleur en un rouge foncé et rafraîchissons la carte

```
>>> symbol.setColor(QColor('#800000'))
```

Analysons ce qu'on a fait ici. La méthode setColor prend un objet QColor en argument.

QColor('#800000') crée un objet QColor en utilisant une chaîne HEX. Lorsque nous passons cet objet à setColor, la couleur de remplissage de notre couche devient un rouge foncé. Dans Qt, il existe de nombreuses façons de créer une QColor, notamment en utilisant plus de 100 couleurs prédéfinies accessibles par leur nom. Voici quelques façons de créer une QColor valide :

Vous pouvez obtenir une liste des noms de couleurs en utilisant QColor().colornames().

— QColor(Qt.red)
— QColor('red')
— QColor('#ff0000')
— QColor(255,0,0,255)

La dernière méthode est intéressante car elle inclut une valeur pour le canal alpha (transparence). En utilisant cette méthode de création de la couleur, nous pouvons également définir la transparence de la couche. Chacune de ces méthodes est décrite dans la documentation de la classe QColor.

Vous remarquerez que rien ne se passe sur le canevas de la carte lorsque nous changeons la couleur. Nous devons demander à QGIS de mettre à jour le canevas de la carte pour refléter les modifications apportées à notre couche

```
>>> wb.triggerRepaint()
```

Cela devrait rafraîchir la carte et notre couche est maintenant remplie d'une couleur rouge foncé.

Maintenant que la couche est restituée avec notre nouvelle couleur, regardez la légende—elle affiche toujours la couleur précédente. Pour la mettre à jour, nous devons appeler la méthode refreshLayerSymbology de la classe layerTreeView en utilisant l'id de notre couche

```
layer_tree = iface.layerTreeView()
layer_tree.refreshLayerSymbology(wb.id())
```

Si nous n'avions pas besoin de garder une référence à l'arbre des couches, nous pourrions le faire en une seule ligne

```
iface.layerTreeView().refreshLayerSymbology(wb.id())
```

7.5   *Chargement d'une couche raster*

Le chargement des raster est similaire au chargement d'une couche vectorielle, sauf que nous utilisons la classe QgsRasterLayer

```
QgsRasterLayer (const QString &uri,
                const QString &baseName=QString(),
                const QString &providerKey="gdal",
                const QgsRasterLayer::LayerOptions
                    &options=QgsRasterLayer::LayerOptions())
```

Remarquez que les paramètres sont à peu près les mêmes que ceux de la classe QgsVectorLayer.

Dans cet exemple, nous allons charger le raster *Hypso mélangé croisé avec relief ombragé* Natural Earth HYP_HR_SR.tif dans QGIS, l'afficher, puis le supprimer à l'aide de la console.

Pour créer la couche raster et l'ajouter à la carte, entrez ce qui suit dans la console Python

Voir natural_earth.txt dans le jeu de données pour obtenir des instructions sur l'obtention de raster Natural Earth.

```
>>> natural_earth = QgsRasterLayer('/data/HYP_HR_SR/HYP_HR_SR.tif', 'Natural Earth')
>>> natural_earth.isValid()
True
>>> QgsProject.instance().addMapLayer(natural_earth)
<qgis._core.QgsRasterLayer object at 0x7f1251cab1f8>
```

Cela crée la couche raster et l'ajoute au canevas de la carte (Figure 7.5, page suivante). Notez que la méthode utilisée pour ajouter les couches vectorielles et raster est la même : addMapLayer. Nous n'avons pas besoin d'indiquer à QGIS le type de couche que nous chargeons puisque QgsVectorLayer et QgsRasterLayer sont toutes les

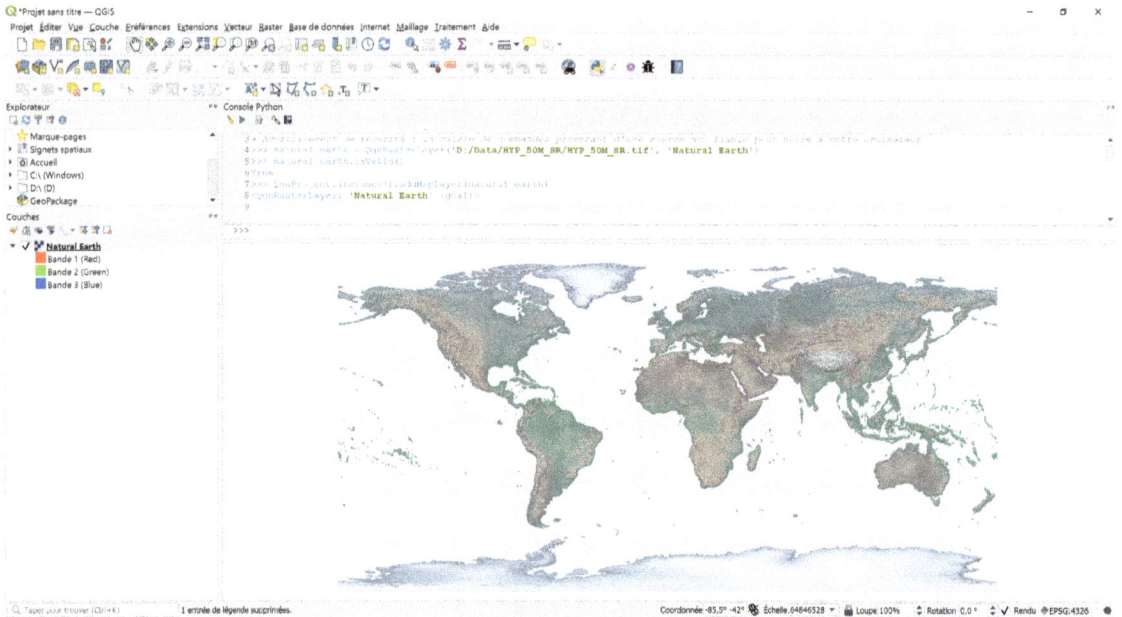

FIGURE 7.5: Utilisation de la console
pour charger un raster

deux de type **QgsMapLayer**. En langage orienté objet, ce sont des classes dérivées de **QgsMapLayer**.

La suppression d'une couche raster s'effectue de la même manière que celle d'une couche vectorielle :

```
>>> QgsProject.instance().removeMapLayer(nat_earth.id())
>>> iface.mapCanvas().refresh()
```

Comme pour les couches vectorielles, nous pouvons également charger un raster en utilisant l'objet iface

```
>>> ne = iface.addRasterLayer('/data/HYP_HR_SR/HYP_HR_SR.tif',
                              'Natural Earth')
```

7.6   Fournisseurs de données

Puisque nous avons déjà abordé la question des fournisseurs de données dans les deux dernières sections, il est utile d'expliquer un peu ce qu'ils sont et leur but. En termes simples, QGIS utilise

Il est possible de simuler un fournisseur de données en utilisant Python, mais cela demande un peu plus de boulot :
https://loc8.cc/ppg3/provider

des fournisseurs de données pour se connecter avec une source de données. Les fournisseurs de données sont édités à l'aide d'une spécification commune, permettant à QGIS de travailler avec tout entrepôt de données spatiales. Ceci est une bonne chose. L'aspect, peut-être, moins attractif est qu'ils doivent être édités en C++, et non en Python.

Actuellement, près de vingt fournisseurs de données sont inclus dans QGIS 3 traitant une grande partie des entrepôts de données, allant des fichiers aux bases de données relationnelles.

Si vous vous demandez quels sont les fournisseurs de données disponibles et comment les spécifier lors du chargement des couches, la classe QgsProviderRegistry offre la réponse. Elle est chargée de l'enregistrement de tous les fournisseurs de données au démarrage de QGIS—la méthode providerList renvoie la liste de tous les fournisseurs. A partir de la console, vous pouvez afficher toutes les clés des fournisseurs disponibles :

```
>>> for provider in QgsProviderRegistry.instance().providerList():
...     print(provider)
DB2
WFS
arcgisfeatureserver
arcgismapserver
delimitedtext
gdal
geonode
gpx
grass
grassraster
memory
mssql
ogr
ows
postgres
spatialite
virtual
wcs
wms
```

Dans QGIS, vous pouvez utiliser l'onglet *Fournisseurs de services* de la boîte de dialogue *À propos* pour afficher une description de tous les fournisseurs disponibles. La liste des clés de fournisseur ci-dessus correspond à

```
Extensions de fournisseurs de données disponibles pour QGIS

OGC API - Features data provider
WFS data provider
ArcGIS Feature Service data provider
ArcGIS Map Service data provider
COPC point cloud data provider
Delimited text data provider
EPT point cloud data provider
GDAL data provider
GeoNode provider
Fournisseur de données au format d'échange GPX
GRASS 7 vector provider
GRASS 7 raster provider
SAP HANA spatial data provider
MDAL provider
Memory provider
Mesh memory provider
MSSQL spatial data provider
OGR data provider
Oracle data provider
PDAL point cloud data provider
PostgreSQL/PostGIS data provider
Postgres raster provider
SpatiaLite data provider
Vector tile provider
Virtual layer data provider
Virtual Raster data provider
OGC Web Coverage Service version 1.0/1.1 data provider
OGC Web Map Service version 1.3 data provider
```

7.7   Exercices

1. En utilisant la console, ajoutez la couche "world borders" au canevas de la carte, puis :

2. Changez la couleur en vert avec une transparence de 50%.

3. Mettez à jour la couche et la légende

8 Exécution de scripts

Les scripts PyQGIS sont un bon moyen d'effectuer des tâches dans QGIS sans avoir à créer un plugin. Il est facile d'intégrer des scripts dans votre processus de développement et de les utiliser pour charger et styliser des couches.

Dans ce chapitre, nous allons nous intéresser à l'exécution de scripts autonomes, puis utiliser la Console Python et le plugin *Script Runner* pour charger, gérer et exécuter nos scripts.

8.1 Scripts autonomes dans la console

Nous avons examiné comment exécuter des instructions Python dans la console en les tapant une à une ou en les collant depuis une autre source. C'est un excellent moyen d'explorer l'API, mais c'est fastidieux lorsque vous essayez d'effectuer des. tâches répétitives ou compliquées. Pour commencer, nous allons créer un script pour effectuer certaines des tâches que nous avons realisées de manière interactive dans Section 2.4, Votre premier essai avec PyQGIS, page 19 et dans Chapter 7, Utiliser la console, page 77.

Les tâches que nous voulons effectuer sont :

1. Charger la couche `world_borders`
2. Obtenir la couche active
3. Changer la couleur de la couche
4. Mettre à jour la légende
5. Ouvrir la table d'attributs

Éditer un script simple

Notre liste de tâches peut sembler un peu ambitieuse, mais il ne faudra pas beaucoup de code pour l'accomplir :

Listing 8.1 – first_script.py

```python
from PyQt5.QtGui import QColor
from PyQt5.QtCore import Qt
from qgis.utils import iface


def load_layer():
    iface.addVectorLayer('/data/pyqgis_data/world_borders.shp',
                         'world_borders', 'ogr')


def change_color():
    active_layer = iface.activeLayer()
    renderer = active_layer.renderer()
    symbol = renderer.symbol()
    symbol.setColor(QColor(Qt.red))
    active_layer.triggerRepaint()
    iface.layerTreeView().refreshLayerSymbology(active_layer.id())


def open_attribute_table():
    iface.showAttributeTable(iface.activeLayer())
```

Selon la façon dont nous exécutons notre script, nous n'aurons peut-être pas besoin de certains des imports. S'il est exécuté à partir de la console ou de l'éditeur Python, les imports de type qgis ne sont pas nécessaires puisqu'elles sont importées au démarrage de la console. Pour que le script soit utilisable en dehors de l'environnement vous devez les inclure.

Voyons comment fonctionne ce script. Aux *lines 1--3* nous importons les les modules dont nous aurons besoin. Lorsque vous éditer un script non trivial vous vous apercevrez que vous devez généralement importer PyQt5.QtCore, PyQt5.QtGui, PyQt5.QtWidgets, qgis.core, et qgis.gui.

Le script est divisé en trois méthodes qui font le travail :

— load_layer
— change_color
— open_attribute_table

Toutes les méthodes utilisées dans le script ont été expliquées dans les chapitres précédents, alors voyons comment exécuter ce script dans l'environnement de la console Python QGIS, en commençant par l'éditeur.

Exécution d'un script à partir de l'éditeur

Vous pouvez soit éditer le script dans votre éditeur de texte préféré et le charger, soit l'éditer directement dans l'éditeur. Dans la Figure 8.1, nous avons chargé le script, cliqué sur le bouton *Run Script*, et ensuite appelé les trois fonctions dans le script.

Le script complet est disponible dans le répertoire de code du fichier de téléchargement.

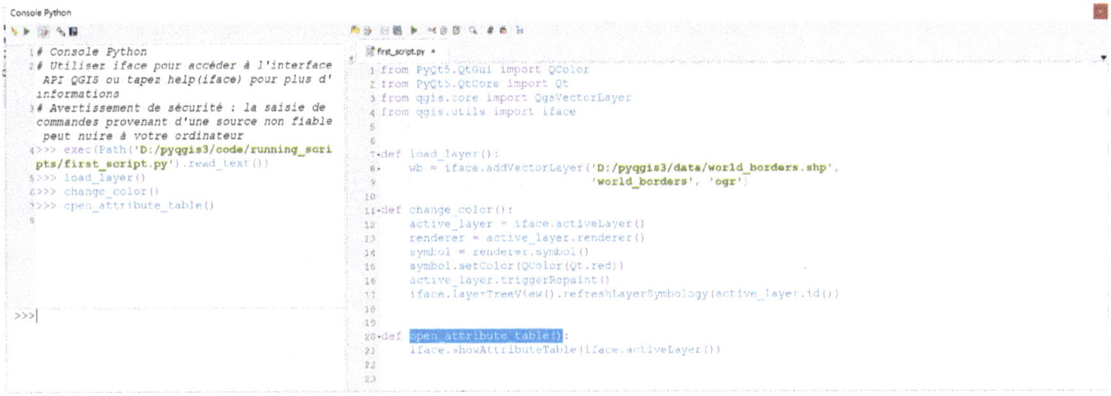

FIGURE 8.1: Chargement et exécution de first_script.py

L'appel manuel des fonctions nous permet d'exercer notre script et de tester les choses. Si nous voulions simplement que le script fasse son œuvre, nous pourrions ajouter les lignes suivantes après la fonction open_attribute_table

```
load_layer()
change_color()
open_attribute_table()
```

L'exécution du script permettrait de charger la couche, de modifier sa couleur et de lancer la table d'attributs d'un simple clic sur un bouton.

Exécution d'un script directement à partir de la console

Pour exécuter le script à partir de la console sans le charger dans l'éditeur, la première chose à faire est de s'assurer que QGIS (et Python) peut trouver notre script. Comme nous l'avons vu, si vous chargez et exécutez votre script depuis l'éditeur, vous n'avez pas à vous soucier de définir le chemin. Mais si vous voulez exécuter des scripts à partir de la console, il existe plusieurs façons de définir le chemin :

1. Ajoutez-le interactivement à *sys.path* dans la console

2. Ajoutez le chemin du script à la variable d'environnement PY-THONPATH

3. Ajouter le chemin d'accès de façon permanente en utilisant le menu Préférences->Options->Système

Supposons que nous stockions généralement nos scripts dans un répertoire nommé pyqgis_scripts. Dans cet exemple, nous supposerons qu'il se trouve aux endroits suivants, en fonction de votre système d'exploitation :

— Linux : /home/gsherman/pyqgis_scripts
— Mac : /Users/gsherman/pyqgis_scripts
— Windows : C:\pyqgis_scripts

Examinons chacune de ces méthodes et déterminons comment nous pouvons les utiliser.

Ajout interactif du chemin

Dans la console Python de QGIS, sous Linux, nous faisons ce qui suit pour avoir accès à notre script :

```
>>> import sys
>>> sys.path.append('/home/gsherman/pyqgis_scripts')
>>> import first_script
>>> first_script.load_layer()
>>> first_script.change_color()
>>> first_script.open_attribute_table()
```

Si nous voulons l'exécuter sous Windows, la seule différence est l'instruction append

```
>>> sys.path.append('C:/pyqgis_scripts')
```

Utilisation de la variable d'environnement PYTHONPATH

Pour utiliser la variable d'environnement PYTHONPATH, indiquez le chemin d'accès approprié de votre système d'exploitation. Cette opération doit être effectuée avant d'exécuter QGIS. Sous Linux et Mac, vous pouvez le faire manuellement à chaque fois à l'aide d'un script shell ou vous pouvez l'ajouter à votre login .profile ou .bash_profile. Sous Windows, le moyen le plus simple est de l'ajouter de façon permanente à vos paramètres d'environnement.

Avec PYTHONPATH défini, notre session de console ressemble à ceci

```
>>> import first_script
>>> first_script.load_layer()
>>> first_script.change_color()
>>> first_script.open_attribute_table()
```

Définition de PYTHONPATH dans les options de QGIS

La dernière façon de pointer vers notre code est de définir de façon permanente la variable d'environnement PYTHONPATH dans QGIS en utilisant Préférences->Options->Système comme le montre la figure 8.2, page suivante. Ici, nous avons ajouté le chemin et sélectionné l'option Ajouter afin de préserver les paramètres PYTHONPATH existants. Un redémarrage de QGIS est nécessaire pour que le paramètre modifié prenne effet. Maintenant, nous pouvons exécuter le script exactement comme nous l'avons fait dans l'exemple précédent où nous avons placé PYTHONPATH dans notre environnement.

Exécution du script

Si vous vous heurtez à des erreurs lors de l'importation de votre script, vérifiez que vous avez le chemin vers pyqgis_scripts spécifié dans sys.path ou dans la variable d'environnement PYTHONPATH.

Lorsque vous appelez chacune des méthodes de notre script, vous verrez que la couche world_borders est ajoutée à la carte, que la couleur est changée en rouge et que la légende est mise à jour. La dernière méthode affiche la table des attributs de notre couche.

Nous aurions pu choisir de combiner les méthodes load_layer et change_color en une, ou même appeler change_color de la méthode load_layer. En fait, le script n'a pas besoin d'utiliser de méthodes du tout. Il suffit de faire les imports et puis d'exécuter toutes les déclarations :

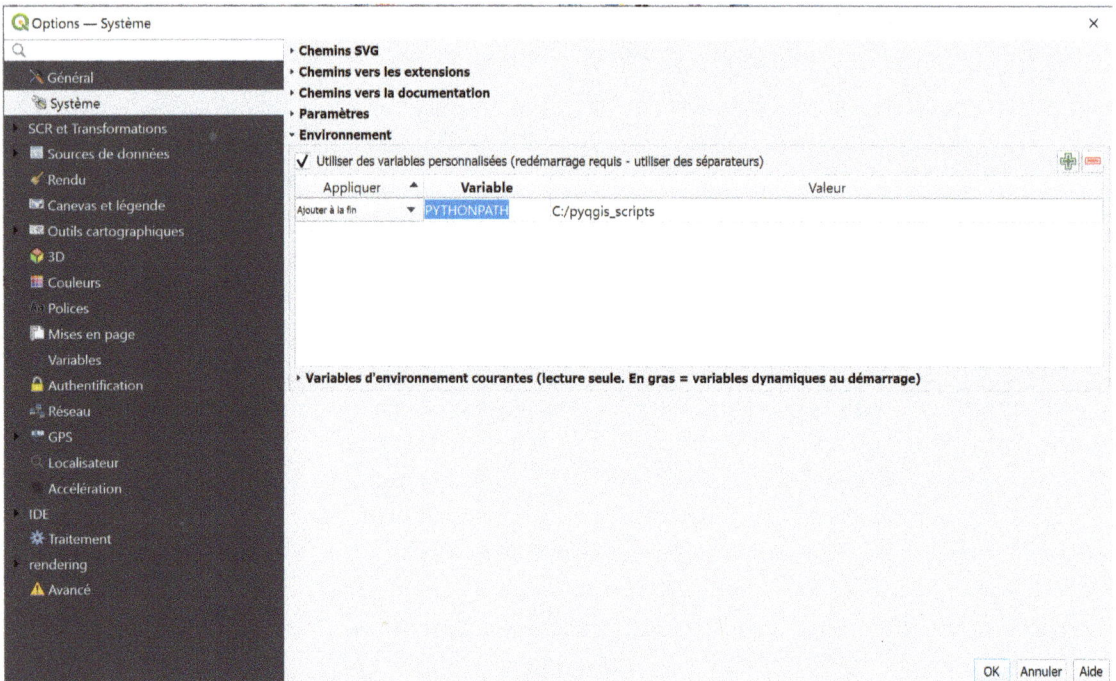

FIGURE 8.2: Ajout permanent d'un PYTHONPATH

Listing 8.2 – no_methods.py

```
1  from PyQt5.QtGui import QColor
2  from PyQt5.QtCore import Qt
3  from qgis.utils import iface
4
5  iface.addVectorLayer('/data/pyqgis_data/world_borders.shp',
6                       'world_borders', 'ogr')
7
8  active_layer = iface.activeLayer()
9  renderer = active_layer.renderer()
10 symbol = renderer.symbol()
11 symbol.setColor(QColor(Qt.red))
12 active_layer.triggerRepaint()
13 iface.layerTreeView().refreshLayerSymbology(active_layer.id())
14
15 iface.showAttributeTable(iface.activeLayer())
```

Vous remarquerez que nous avons supprimé les définitions de méthodes ; tout le reste demeure inchangé. Lorsque nous importons ce script, il exécute tout le code immédiatement. Parfois, cette méthode d'exécution d'un script correspond parfaitement à nos besoins.

Rappelez-vous ce que nous avons mentionné à propos de la nécessité des déclarations d'imports. Si vous commentez les quatre premières lignes du script et ensuite essayer de l'exécuter à partir de la console, vous aurez des erreurs. C'est parce que, dans le cadre de notre script QColor, et d'autres sont inconnus. Alors que cela fonctionne bien lors du chargement dans l'éditeur et ensuite en cours d'exécution, les imports sont essentielles lors de l'exécution comme nous l'avons fait ici.

Rééditer le script en utilisant une classe

Nous pouvons rendre notre script plus élégant en le remaniant en une classe Python. Cela nous permet de conserver les données pendant la durée de vie de la classe et rend le code plus convivial. Les méthodes de configuration du chemin Python restent les mêmes, mais la façon dont nous utilisons la classe pour exécuter le code est un peu différente. Voici le script original, remanié en classe :

Listing 8.3 – first_script_class.py

```
1  from PyQt5.QtGui import QColor
2  from PyQt5.QtCore import Qt
3
4
5  class FirstScript:
6
7      def __init__(self, iface):
8          self.iface = iface
9
10     def load_layer(self):
11         self.iface.addVectorLayer('/data/pyqgis_data/world_borders.shp', 'world_borders', 'ogr')
12
13     def change_color(self):
14         active_layer = self.iface.activeLayer()
15         renderer = active_layer.renderer()
16         symbol = renderer.symbol()
17         symbol.setColor(QColor(Qt.red))
18         active_layer.triggerRepaint()
19         self.iface.layerTreeView().refreshLayerSymbology(active_layer.id())
20
21     def open_attribute_table(self):
22         self.iface.showAttributeTable(self.iface.activeLayer())
```

Jetons un coup d'œil sur la classe pour voir comment notre script édité est différent de sa la version initiale. Tout d'abord, notez que nous avons ajouté une nouvelle méthode nommée __init__. Cette méthode est appelée lorsque vous créez une instance d'une classe. Puisqu'une référence à qgis.utils.iface est passée et sauvegardée (self.iface dans *ligne 8*), nous n'avons plus besoin d'importer iface de qgis.utils. Maintenant, lorsqu'une nouvelle instance de FirstScript est créée, nous avons accès à l'attribut iface

```
>>> fs = FirstScript(qgis.utils.iface)
>>> fs.iface
<qgis._gui.QgisInterface object at 0x12145ee58>
```

Pour une explication de leur utilisation, voir https://loc8.cc/ppg/self

Les autres méthodes de notre classe ressemblent à celles du script original , sauf que chacune est définie avec un argument *self* comme on le constate aux *lignes 10, 13, et 21* de first_script_class.py. C'est la règle pour définir les méthodes d'une classe. L'autre différence est que nous utilisons self.iface pour accéder aux méthodes activeLayer, refreshLayerSymbology, et showAttributeTable.

Une fois la variable d'environnement PYTHONPATH correctement configurée, la session console utilisant notre classe ressemble à ceci :

```
>>> from first_script_class import FirstScript
>>> fs = FirstScript(iface)
>>> fs.load_layer()
>>> fs.change_color()
>>> fs.open_attribute_table()
```

Cela nous permet d'avoir une approche plus épurée et orientée objet pour notre script.

> NOTE - Bien que cela ne soit pas strictement nécessaire lors de l'exécution de scripts dans l'environnement de la console, enregistrer une référence à iface deviendra important à mesure que nous avançons, en particulier lors de l'édition de plugins.

8.2   *Exécution de scripts avec Script Runner*

Exécuter un script dans la console est un bon moyen de procéder avec PyQGIS. Dans cette section, nous examinerons une autre façon de gérer, afficher et exécuter vos scripts en utilisant le plugin *Script Runner*.

Si vous avez fait les exercices du Chapter 5, L'écosystème QGIS/-Python, page 55, vous avez déjà *Script Runner* installé. Si ce n'est pas le cas, installez-le maintenant en utilisant l'installateur de plugins en cliquant sur le menu `Extensions->Installer/Gérer les extensions`.

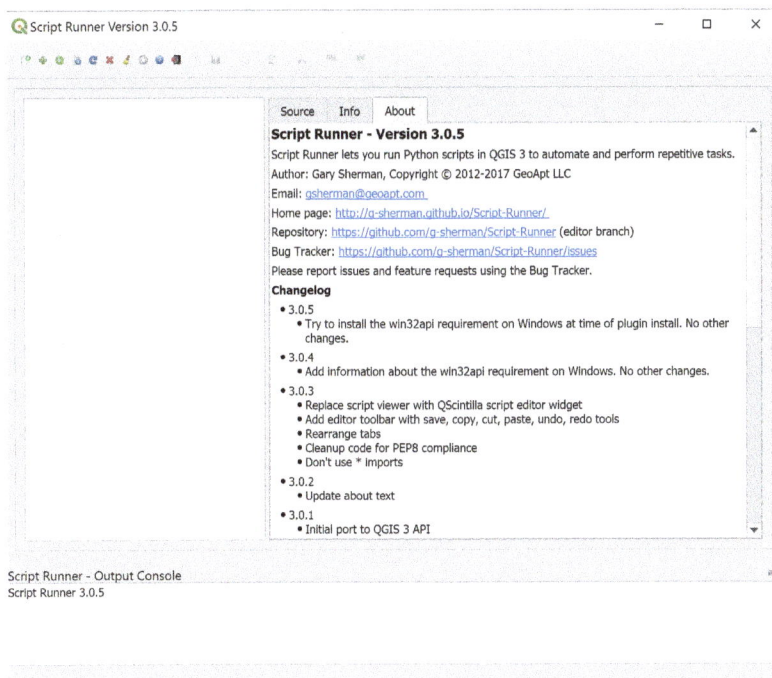

FIGURE 8.3: Le plugin Script Runner au démarrage

Figure 8.3 affiche le plugin *Script Runner* après l'avoir lancé.

Pour exécuter un script existant, vous devez d'abord l'ajouter à Script Runner via l'outil *Add Existing Script* dans la barre d'outils. Cela l'ajoutera à une liste dans le panneau de gauche et *Script Runner* s'en souviendra la prochaine fois que vous le démarrerez. Vous pouvez supprimer un script en utilisant l'outil *Remove Script*. Il s'agit simplement de le supprimer de la liste ; ceci n'affectant en rien le fichier script sur disque.

Une fois le script chargé, vous pouvez cliquer sur l'outil *Script Info* pour alimenter les onglets *Info* et *Source* dans le panneau de droite. L'onglet *Info* contient le *docstring* de votre module et une liste des classes, méthodes et fonctions trouvées dans le script. La présence d'un 'docstring' approprié au début de chaque script vous permettra d'en déterminer facilement l'objectif. Vous pouvez voir la source du script dans l'onglet Source. Cela vous permet de confirmer rapidement que vous utilisez le bon script.

Les scripts gérés par *Script Runner* n'ont qu'une seule exigence obligatoire—Ils doivent implémenter une fonction run_script qui requiert un seul argument. C'est la seule chose que nous avons à ajouter à notre classe FirstScript pour qu'elle puisse être exécutée via *Script Runner* :

Listing 8.4 – first_script_sr.py

```python
from PyQt5.QtGui import QColor
from PyQt5.QtCore import Qt


class FirstScript:

    def __init__(self, iface):
        self.iface = iface

    def load_layer(self):
        self.iface.addVectorLayer('/data/world_borders.shp',
                                  'world_borders', 'ogr')

    def change_color(self):
        active_layer = self.iface.activeLayer()
        renderer = active_layer.renderer()
        symbol = renderer.symbol()
        symbol.setColor(QColor(Qt.red))
        active_layer.triggerRepaint()
        self.iface.layerTreeView().refreshLayerSymbology(active_layer.id())

    def open_attribute_table(self):
        self.iface.showAttributeTable(self.iface.activeLayer())


def run_script(iface):
    fs = FirstScript(iface)
    fs.load_layer()
    fs.change_color()
    fs.open_attribute_table()
```

Les lignes 25-29 définissent la fonction `run_script`. Remarquez qu'il accepte une référence à la classe *qgis.utils.iface*, que nous transmettons lorsque nous instancions FirstScript (*ligne 26*).

Notez que la fonction `run_script` n'est pas indentée comme les autres fonctions et ne fait **pas** partie intégrante de la classe FirstScript.

Nous pouvons maintenant ajouter notre script à *Script Runner* en cliquant sur le bouton *Add Existing Script* et en le choisissant dans notre répertoire de scripts. Une fois qu'il est ajouté, cliquez sur l'onglet *Info* pour obtenir des informations de base sur le script comme le montre la Figure 8.4.

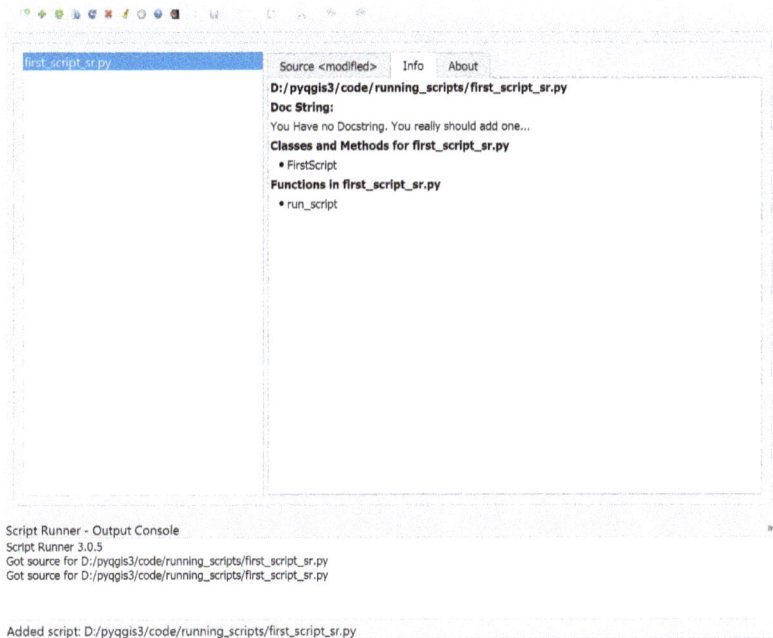

FIGURE 8.4: Informations sur les scripts dans Script Runner

Remarquez qu'il nous avertit que nous n'avons pas de Docstring et que nous "devrions vraiment en ajouter un". Voyons maintenant comment y remédier.

Documenter le code source

Un docstring est utilisé par Python pour documenter nos modules, classes et méthodes. Ces informations sont également affichées lorsque vous utilisez la fonction *help* de la console Python. Documenter votre code est facile—il vous suffit d'ajouter des chaînes de caractères simples ou multi-lignes à vos classes et méthodes directement dans votre code source. Par exemple, pour documenter notre classe FirstScript, nous ajoutons le docstring suivant au début du script

```
"""FirstScript: A simple class used to load a layer in QGIS
and change its color."""

from PyQt5.QtGui import QColor
from PyQt5.QtCore import Qt
from qgis.core import QgsVectorLayer


class FirstScript:
    ...
```

Si nous rechargeons le script dans *Script Runner*, la chaîne de caractères docstring s'affiche dans l'onglet Info. Vous pouvez également documenter votre classe et vos méthodes, mais *Script Runner* ne les affiche pas. Une fois documenté, nous pouvons utiliser *help* dans l'interpréteur Python ou la console QGIS Python pour afficher la documentation. Vous pouvez également utiliser *help* pour afficher la chaîne de caractères docstring pour les méthodes individuelles

```
>>> from first_script_sr import FirstScript
>>> fs = FirstScript(iface)
>>> help(fs.load_layer)
Help on method load_layer in module first_script_sr:

load_layer(self) method of first_script_sr.FirstScript instance
    Load the world_borders shapefile and add it to the map.

>>> help(fs.change_color)
Help on method change_color in module first_script_sr:

change_color(self) method of first_script_sr.FirstScript instance
    Change the color of the active layer to red and update
    the legend.
```

Pour faire un test rapide, nous avons ajouté quelques instructions d'impression à la méthode `run_script`. Le résultat des instructions est affiché dans le panneau inférieur de *Script Runner*. Cela vous permet d'obtenir des commentaires lorsque votre script est exécuté.

Notre script complet et documenté ressemble maintenant à ceci :

Pour plus d'informations sur les fonctionnalités de Script Runner, voir la page web `https://g-sherman.github.io/Script-Runner/`

Listing 8.5 – first_script_sr_documented.py

```python
 1  """FirstScript: A simple class used to load a layer in QGIS
 2  and change its color."""
 3
 4  from PyQt5.QtGui import QColor
 5  from PyQt5.QtCore import Qt
 6
 7
 8  class FirstScript:
 9      """Class to load and render the world_borders shapefile."""
10
11      def __init__(self, iface):
12          self.iface = iface
13
14      def load_layer(self):
15          """Load the world_borders shapefile and add it to the map."""
16          self.iface.addVectorLayer('/data/pyqgis_data/world_borders.shp',
17                                    'world_borders', 'ogr')
18
19      def change_color(self):
20          """Change the color of the active layer and update
21          the legend."""
22          active_layer = self.iface.activeLayer()
23          renderer = active_layer.renderer()
24          symbol = renderer.symbol()
25          symbol.setColor(QColor(Qt.red))
26          active_layer.triggerRepaint()
27          self.iface.layerTreeView().refreshLayerSymbology(active_layer.id())
28
29      def open_attribute_table(self):
30          """Open the attribute table for the active layer."""
31          self.iface.showAttributeTable(self.iface.activeLayer())
32
33
34  def run_script(iface):
35      """Run the script by instantiating FirstScript and calling
36      methods."""
37      print("creating object")
38      fs = FirstScript(iface)
39      print("loading layer")
40      fs.load_layer()
41      print("changing color")
42      fs.change_color()
```

```
43     print("opening attribute table")
44     fs.open_attribute_table()
```

Avantages d'utiliser Script Runner

Vous avez peut-être réalisé que l'utilisation de *Script Runner* présente plusieurs avantages. D'une part, nous n'avons pas besoin de modifier le chemin d'accès à Python pour exécuter notre script. *Script Runner* prend soin de tout cela une fois que vous ajoutez un script. D'autre part, disposer de tous vos scripts organisés dans une liste ordonnée est pratique, quel que soit l'endroit où ils se trouvent sur le disque. Les fonctions d'information et de visualisation des sources du plugin sont également pratiques.

Mieux encore, faire fonctionner un script existant avec *Script Runner* consiste simplement à ajouter la fonction run_script, à créer une instance de votre classe, puis à appeler une ou plusieurs méthodes pour faire le travail.

8.3   Exercices

1. Le script first_script.py ne vérifie pas si la couche de données est valide. Modifiez first_script.py pour implémenter cette vérification et gérer les échecs avec élégance. Testez vos modifications sur la console.

2. Modifiez la méthode change_color dans la classe FirstScript pour prendre une valeur de couleur au lieu de la valeur par défaut Qt.red. Votre changement devrait permettre de spécifier une valeur de couleur en utilisant des couleurs nommées, les valeurs RGBA et la notation hexadécimale. Testez vos modifications dans la console.

3. Modifiez la méthode load_layer dans FirstScript pour prendre un nom et un chemin de la couche spécifiés par l'utilisateur au lieu de charger la couche world_borders. Testez vos modifications dans la console.

4. Créez un nouveau script à exécuter dans *Script Runner* avec une seule méthode load_raster qui charge le raster Natural Earth. Exécutez le script et assurez-vous qu'il charge correctement le

raster en question.

9 Conseils et techniques

Ce chapitre fournit des exemples de techniques communes, et peut-être uniques, que vous trouverez utiles en travaillant avec PyQGIS. La documentation de l'API QGIS vous sera très utile lorsque vous travaillerez avec les différents aspects de l'interface[16].

Vous trouverez de nombreux autres exemples dans le livre de recettes PyQGIS[17].

16. API QGIS : https://loc8.cc/ppg3/api

17. https://loc8.cc/ppg3/cookbook

9.1 Chargement des couches vectorielles

QGIS prend en charge un large éventail d'entrepôts de données pour les couches vectorielle. Cette section vous donne quelques exemples de chargement de couches et d'affichage de celles-ci sur le canevas de la carte.

Couches OGR

Dans Chapter 7.3, Chargement d'une couche vectorielle, page 82 nous avons vu un exemple complet de chargement d'une couche vectorielle en utilisant la classe QgsVectorLayer, similaire à

```
wb = QgsVectorLayer('/data/world_borders.shp', 'world_borders', 'ogr')
QgsProject.instance().addMapLayer(wb)
```

Cela crée une couche à partir d'un fichier shapefile et l'ajoute à la carte. Voici les détails :

imports :
  qgis.core

classes :
QgsProject, QgsVectorLayer
provider :
OGR

Cet exemple fonctionnera avec n'importe quelle couche supportée par OGR. Par exemple, nous pouvons charger une couche GML en utilisant :

```
gml_lyr = QgsVectorLayer('/data/qgis_sample_data/gml/lakes.gml',
                         'lakes',
                         'ogr')
QgsProject.instance().addMapLayer(gml_lyr)
```

Le constructeur de *QgsVectorLayer* prend trois arguments :

— Le chemin complet du fichier de données :
`/data/qgis_sample_data/gml/lakes.gml`
— Le nom à utiliser dans la légende : `lakes`
— Le nom du fournisseur : `ogr`

Couches de GeoPackage

Le chargement d'une couche GeoPackage est similaire au chargement d'autres couches basées sur des fichiers, mais nous devons également spécifier le nom de la couche ainsi que le chemin vers le fichier `.gpkg` :

```
gpkg_lyr = QgsVectorLayer('/data/geopackage_tornado.gpkg|layername=tornado'
                          'tornado',
                          'ogr')
QgsProject.instance().addMapLayer(gpkg_lyr)
```

```
Pour charger toutes les couches dans un GeoPackage::
```

```
import gdal
path = '/data/geopackage_tornado.gpkg'
gp = gdal.OpenEx(path)
for i in range(gp.GetLayerCount()):
  lyr = gp.GetLayer(i)
  gpkg_lyr = QgsVectorLayer("{}|layername={}".format(path, lyr.GetName()),
                            lyr.GetName(),
                            'ogr')
  QgsProject.instance().addMapLayer(gpkg_lyr)
```

Les couches sont chargées dans l'ordre de la séquence, ce qui peut ne pas être ce que vous voulez. Vous pouvez lister les couches dans un Geopackage :

```
import gdal
gp = gdal.OpenEx('/data/geopackage_tornado.gpkg')
for i in range(gp.GetLayerCount()):
    print(gp.GetLayer(i).GetName())


tornado
states
rivers_north_america
river_centerlines
```

Il en résulte que notre couche de points `tornado` se trouve au bas de la pile de cartes, masquée par les autres.

Couches mémoire

QGIS supporte aussi ce qu'on appelle une couche *mémoire* qui peut être très utile pour écrire des plugins et des scripts. Une couche *mémoire* n'existe pas sur le disque et disparaît lorsque QGIS se ferme, mais se comporte comme n'importe quelle autre couche vectorielle. Si nécessaire, une couche *mémoire* peut être enregistrée sur disque dans n'importe quel format pris en charge par QGIS.

Il y a deux façons de créer une couche *mémoire* :

1. Créer la couche en utilisant QgsVectorLayer, en spécifiant *memory* comme fournisseur, puis :[18]

   — Obtenir la référence du fournisseur
   — Ajouter chaque attribut nécessaire en créant des objets QgsField

1. Utilisez une URI qui spécifie le système de coordonnées, le type de géométrie, et les champs pour créer la couche

La deuxième méthode est beaucoup plus rapide et plus facile à utiliser parce que nous pouvons spécifier le système de coordonnées (CRS) et les champs à la fois :

```
mem_layer = QgsVectorLayer(
    "LineString?crs=epsg:4326&field=id:integer"
    "&field=road_name:string&index=yes",
```

18. Cette méthode est illustrée dans le livre de recettes PyQGIS : https://loc8.cc/ppg3/cookbook

Vous pouvez créer des couches de mémoire contenant d'autres types de géométrie, y compris Point, MultiLineString, et Polygon.

```
"Roads",
"memory")
```

Ceci crée une couche mémoire de lignes avec deux champs (id et road_name) en utilisant le système de coordonnées WGS84. Nous avons également inclus le mot-clé `index=yes` qui indique au fournisseur de créer un index spatial pour les objets.

Nous ajoutons ceci à QGIS en utilisant la console :

```
QgsProject.instance().addMapLayer(mem_layer)
```

Si nous ouvrons la boîte de dialogue des propriétés de la couche et regardons l'onglet *Champs,* nous pouvons voir les résultats comme le montre la figure 9.1.

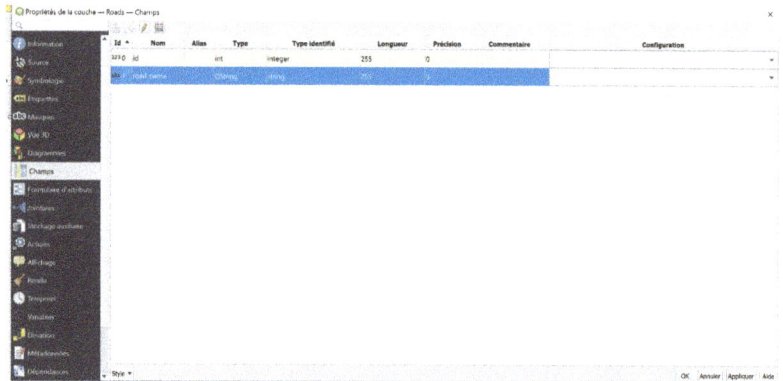

FIGURE 9.1: Champs de la couche mémoire

En regardant l'onglet *Information* dans *Propriétés de la couche* on confirme que notre couche a été créée correctement (Figure 9.2, page suivante).

Notre nouvelle couche mémoire prend entièrement en charge l'édition des objets, attributs et géométries. Comme nous venons de la créer, il n'y a pas d'objets et QGIS signale l'étendue comme inconnue.

Nous pouvons ajouter une entité à la couche en quelques étapes :

```
1    mem_layer.startEditing()
2    points = [QgsPoint(-150, 61), QgsPoint(-151, 62)]
```

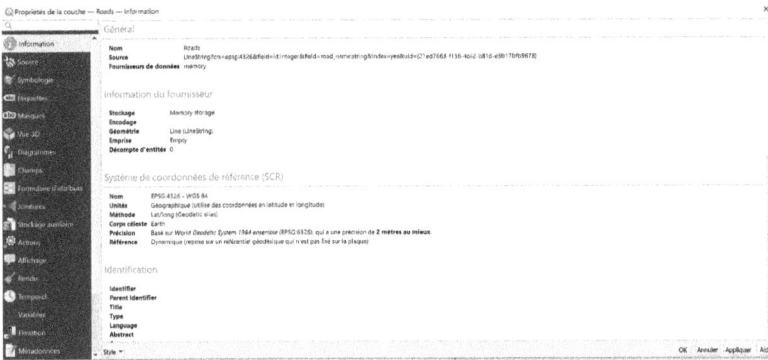

FIGURE 9.2: Informations sur la couche mémoire

```
3    feature = QgsFeature()
4    feature.setGeometry(QgsGeometry.fromPolyline(points))
5    feature.setAttributes([1, 'QGIS Lane'])
6    mem_layer.addFeature(feature)
7    mem_layer.commitChanges()
```

Il y a quelques points importants à noter dans le code ci-dessus. Tout d'abord, pour ajouter une entité à la couche, nous devons appeler la méthode `startEditing`

A la *ligne 2*, nous créons une liste Python contenant deux objets QgsPoint. Ceux-ci représentent les points aux extrémités de la ligne que nous voulons créer.

A la *ligne 3* nous créons une nouvelle entité **QgsFeature** et à la *ligne 4* nous définissons la géométrie en passant la liste *points* à la méthode `QgsGeometry.fromPolyline`.

La *ligne 5* ajoute les attributs de notre nouvelle entité : id étant 1 et 'QGIS Lane' pour *road_name*.

A la *ligne 6*, nous ajoutons l'entité à la couche mémoire, puis nous enregistrons les modifications à la *ligne 7*. Maintenant, si nous zoomons sur l'étendue de la couche, nous verrons une seule route. L'ouverture de la table d'attributs confirme que l'entité a été créée et que les attributs ont été correctement ajoutés.

> **Retenir...**
> ___
>
> À partir d'un plugin ou de la console, vous pouvez ajouter des couches vectorielles et raster en utilisant les méthodes iface (addVectorLayer et addRasterLayer). Par exemple :
>
> ```
> lyr = iface.addVectorLayer('towns.shp', 'towns', 'ogr')
> ```
>
> L'utilisation de cette méthode vous fait gagner une étape; la couche est ajoutée à la carte sans avoir à appeler QgsProject.instance().addMapLayer(). Dans nos exemples, nous avons utilisé la méthode en deux étapes pour vous aider à comprendre le processus. **Lors du développement d'une application autonome à l'aide de l'API QGIS, vous n'aurez pas accès à l'objet *iface*.**

9.2   Chargement de couches raster

Le chargement d'une couche raster nécessite uniquement le chemin d'accès complet au raster et un nom de votre choix à afficher dans la légende :

```
raster_lyr = QgsRasterLayer(
            '/data/qgis_sample_data/raster/landcover.img',
            'Land Cover')
QgsProject.instance().addMapLayer(raster_lyr)
```

Comme nous l'avons mentionné dans la section précédente, nous pourrions faire de même en utilisant iface :

```
raster_lyr = iface.addRasterLayer(
            '/data/qgis_sample_data/raster/landcover.img',
            'Land Cover')
```

9.3   Utilisation de bases de données

Ajout d'une couche PostgreSQL/PostGIS

Le moyen le plus simple de comprendre comment ajouter une couche PostGIS est de l'ajouter à l'aide de l'interface QGIS, puis de consulter les informations de connexion dans l'onglet *Métadonnées* de la boîte de dialogue des propriétés de la couche. Cela vous donnera tous les paramètres nécessaires pour établir une connexion réussie et ajouter une couche.

Voici un exemple de chargement d'une couche PostGIS.

```
db_lyr = QgsVectorLayer("dbname='gis_data' host=localhost port=5432 "
                        "srid=4326 type=MULTILINESTRING "
                        "table='public'.'streets' (the_geom) sql=",
                        'streets3',
                        'postgres')
```

Bien que nous l'ayons formaté pour le rendre plus lisible, le premier argument consiste en une seule chaîne de caractères concaténée qui indique à QGIS comment accéder à la couche

```
"dbname='gis_data' host=localhost port=5432 "
"srid=4326 type=MULTILINESTRING "
"table='public'.'streets' (the_geom) sql="
```

Lorsque nous avons ajouté des couches sur disque (par exemple : shapefile, GML), nous avons utilisé le chemin complet vers la couche—les trois lignes ci-dessus font de même pour notre couche de base de données. Les arguments restants sont `streets3`, le nom qui apparaîtra dans la légende et `postgres`, la clé du fournisseur.

Nous terminons le chargement de la couche en utilisant

```
QgsProject.instance().addMapLayer(dbl_lyr)
```

Utilisation d'une connexion PostgreSQL existante

Parfois, vous voudrez peut-être envoyer du SQL à votre base de données PostgreSQL à partir d'un plugin ou d'un script PyQGIS. Pour ce faire, vous avez besoin d'une connexion à votre base de données. Puisque . QGIS utilise sa propre interface de bas niveau

Vous pouvez utiliser `QSettings` pour lire les informations de connexion stockées à partir de vos paramètres, mais cela peut ne pas toujours fonctionner si le mot de passe n'est pas stocké avec la connexion.

avec PostgreSQL, il ne peut pas fournir une connexion pour une utilisation générale des requêtes. Vous pouvez cependant utiliser les informations du fournisseur de données QGIS PostgreSQL pour créer votre propre connexion en utilisant *psycopg2*[19], un module qui fournit un adaptateur de base de données PostgreSQL.

Voici un exemple qui utilise la couche active dans QGIS pour obtenir les paramètres de connexion, créer une connexion et exécuter une requête qui renvoie des données :

Listing 9.1 – use_database.py

```
1   """Use the database provider to connect to PostgreSQL"""
2
3   # Importer tout ce dont nous pourrions avoir besoin
4   from qgis.core import QgsDataSourceUri
5   from qgis.utils import iface
6   import psycopg2
7
8
9   layer = iface.activeLayer()
10  provider = layer.dataProvider()
11  if provider.name() == 'postgres':
12      uri = QgsDataSourceUri(provider.dataSourceUri())
13      print(uri.uri())
14      # Creer une connexion en utilisant psycopg2
15      db = psycopg2.connect(uri.connectionInfo())
16      # Executer une requete simple
17      cur = db.cursor()
18      cur.execute("""select name from qgis_sample.airports
19          order by name""")
20      rows = cur.fetchall()
21      for row in rows:
22          print(row[0])
23  else:
24      print("The selected layer %s is not a PostgreSQL layer" % layer.name())
25      print("Unable to create a database connection")
```

19. https://loc8.cc/ppg/
psycopg2

9.4   Travailler avec la symbologie

QGIS possède des capacités de symbologie sophistiquées. Dans cette section, nous présentons quelques exemples simples de travail avec la symbologie. Pour des exemples supplémentaires, consultez le livre de recettes PyQGIS[20]

20. https://loc8.cc/ppg3/
cookbook

Symbologie simple

Nous avons vu des exemples de travail avec des symboles dans Chapter 8, Exécution de scripts, page 91 et Chapter 7, Utiliser la console, page 77. A partir d'une référence à une couche (`layer`), nous pouvons modifier l'apparence des manières suivantes :

```
renderer = layer.renderer()
symbol = renderer.symbol()
symbol.setColor(QColor(Qt.red))
symbol.setColor(QColor('red'))
symbol.setColor(QColor('#ff0000'))
symbol.setColor(QColor(255, 0, 0, 255))
```

Chacune des instructions `setColor` ci-dessus définira la couleur du symbole sur le rouge. Après avoir défini la couleur, nous devons actualiser le canevas de la carte et la légende :

```
layer.triggerRepaint()
iface.layerTreeView().refreshLayerSymbology(layer.id())
```

Réglage de l'opacité

Vous définissez l'opacité (transparence) en utilisant `setOpacity` :

```
symbol.setOpacity(0.5)
```

Dans QGIS 3, le terme opacité est généralement utilisé plutôt que transparence.

Cela définit l'opacité du symbole à 50 %. Assurez-vous de rafraîchir le canevas et la légende après avoir apporté des modifications.

Personnalisation des symboles

Pour chaque type de symbole (marqueur, ligne, remplissage), nous pouvons définir des propriétés supplémentaires pour contrôler l'apparence à l'aide de la méthode `createSimple`. Cette méthode est disponible pour :

— QgsMarkerSymbol
— QgsLineSymbol
— QgsFillSymbol

La méthode `createSimple` utilise des mots clés dans un dictionnaire pour définir l'apparence du nouveau symbole. Les mots-clés pour chaque type de symbole sont répertoriés ci-dessous.

Mots clés et valeurs pour QgsMarkerSymbol :

Mot clé	Valeur
angle	Spécifié en radians
color	Spécifié à l'aide de l'une des méthodes du constructeur QColor
color_border	Voir la _couleur contour
horizontal_anchor_point	Valeur entière
name	Nom du marqueur (par exemple, cercle, carré, etc.)
offset	Spécifié sous la forme d'un décalage d'entier x,y
offset_unit	MM ou MapUnit
outline_color	Spécifié à l'aide de l'une des méthodes du constructeur QColor
outline_width	Valeur entière
outline_width_unit	MM ou MapUnit
scale_method	diamètre ou surface
size	Valeur entière
size_unit	MM ou MapUnit
vertical_anchor_point	Valeur entière

Mots clés et valeurs pour QgsLineSymbol :

Keyword	Value
capstyle	'square', 'flat', ou 'round'
color	Spécifié à l'aide de l'une des méthodes du constructeur QColor
customdash	Longueur des tirets, séparés par un point-virgule ; par ex. 8 ;4
customdas h_unit	MM ou MapUnit
joinstyle	'bevel', 'miter', or 'round'
offset	Spécifié sous la forme d'un décalage d'entier x,y
offset_unit	MM ou MapUnit
penstyle	'no', 'solid', 'dash', 'dot', 'dash dot', 'dash dot dot'
utiliser_custom_dash	1 pour utiliser le tiret personnalisé
width	Valeur entière
width_unit	MM ou MapUnit

Mots clés et valeurs pour QgsFillSymbol :

border_width_unit	MM ou MapUnit
color	Spécifié à l'aide de l'une des méthodes du constructeur QColor
color_border	Spécifié à l'aide de l'une des méthodes du constructeur QColor
offset	Spécifié sous la forme d'un décalage d'entier x,y
offset_unit	MM ou MapUnit
style	'solid', 'horizontal', 'vertical', 'cross', 'b_diagonal', 'f_diagonal', 'diagonal_x', 'dense1', 'dense2', 'dense3', 'dense4', 'dense5', 'dense6', 'dense7'
style_border	'no', 'solid', 'dash', 'dot', 'dash dot', 'dash dot dot'
width_border	Valeur entière

Par exemple, pour créer un marqueur de cercle bleu avec une taille de 8 et une largeur de contour de 2, nous utiliserons :

```
sym = QgsMarkerSymbol.createSimple({
                                    'name':'circle',
```

```
                                  'color':'blue',
                                  'size':'8',
                                  'outline_width':'2'
                              })
renderer = layer.renderer()
renderer.setSymbol(sym)
```

Nous pouvons créer une ligne verte en pointillés de largeur 4 en
utilisant :

```
sym = QgsLineSymbol.createSimple({
                                  'penstyle':'dash',
                                  'color':'green',
                                  'width':'4'
                              })
renderer = layer.renderer()
renderer.setSymbol(sym
```

Pour créer une ligne pointillée rouge personnalisée de longueur 8
avec un espace de 4 :

```
sym = QgsLineSymbol.createSimple({
                                  'color':'red',
                                  'customdash':'8;4',
                                  'use_custom_dash':'1',
                                  'width':'2'
                              })
renderer = layer.renderer()
renderer.setSymbol(sym)
```

Pour créer un remplissage croisé bleu en diagonale :

```
sym = QgsFillSymbol.createSimple({
                                  'style':'diagonal_x',
                                  'color':'blue',
                              })
renderer = layer.renderer()
renderer.setSymbol(sym)
```

Après avoir défini le symbole, nous devons rafraîchir le canevas de
la carte et la légende pour que les changements soient visibles.

Il existe également des propriétés qui peuvent être définies pour
créer un symbole à l'aide d'une expression qui fait référence à des

valeurs définies par les données. Les mots clés pour chaque type de symbole sont les suivants :

QgsMarkerSymbol :

```
angle_expression
color_border_expression
color_expression
horizontal_anchor_point_expression
name_expression
offset_expression
outline_width_expression
size_expression
vertical_anchor_point_expression
```

QgsLineSymbol :

```
color_expression
width_expression
offset_expression
customdash_expression
joinstyle_expression
capstyle_expression
```

QgsFillSymbol :

```
color_expression
color_border_expresssion
width_border_expression
```

Ces expressions sont similaires à ce que vous définiriez en utilisant le bouton *Valeur définie par des données* sur la boîte de dialogue *Propriétés de la couche*. Par exemple, voici comment créer un marqueur simple qui utilise le champ MARKER_SIZE dans la table des attributs pour définir la taille du symbole.

```
sym = QgsMarkerSymbol.createSimple({
                                    'name':'circle',
                                    'color':'blue',
                                    'size_expression':'MARKER_SIZE',
                                    'outline_width':'1'
                                   })
renderer = layer.renderer()
renderer.setSymbol(sym)
```

Les expressions peuvent inclure des opérations mathématiques et des constructions plus complexes, tout comme vous pouvez le faire en utilisant le bouton *Valeur définie par des données*.

Couches de symboles

Dans QGIS, un symbole peut avoir plusieurs couches. Cela vous permet de créer une symbologie intéressante, comme une autoroute noire avec des rayures :

Ce symbole est composé de quatre couches distinctes qui se super-posent pour créer l'apparence d'une autoroute rayée. Utilisons la console pour jeter un oeil au symbole :

```
>>> lyr = iface.activeLayer()
>>> renderer = lyr.renderer()
>>> symbol = renderer.symbol()
>>> symbol.symbolLayerCount()
4
```

Ici, nous avons confirmé qu'il y a quatre couches dans le symbole en utilisant la méthode symbolLayerCount une fois que nous avons récupéré le symbole du rendu de la couche. Nous pouvons accé-der aux couches individuelles du symbole en utilisant la méthode symbolLayer :

```
>>> sym0 = symbol.symbolLayer(0)
>>> sym0
<qgis._core.QgsSimpleLineSymbolLayer at 0x12932f9d8>
```

Une fois que nous avons la couche de symboles, nous pouvons y apporter des modifications. Changeons le motif en tirets de la ligne médiane de l'autoroute. Évidemment, nous devons avoir quelques connaissances sur la disposition des couches afin de sélectionner celle que nous voulons changer. L'ordre des couches est de bas en haut, en commençant avec l'indice zéro. Notre ligne médiane est la couche supérieure, nous la récupérons donc à l'aide d'un index 3 :

```
>>> sym3 = symbol.symbolLayer(3)
```

Nous pouvons obtenir un aperçu du symbole en utilisant la méthode properties :

```
>>> sym3.properties()
{'capstyle': 'square',
 'customdash': '3;2',
 'customdash_map_unit_scale': '3x:0,0,0,0,0,0',
 'customdash_unit': 'MM',
 'draw_inside_polygon': '0',
 'joinstyle': 'bevel',
 'line_color': '255,255,0,255',
 'line_style': 'dash',
 'line_width': '0.86',
 'line_width_unit': 'MM',
 'offset': '0',
 'offset_map_unit_scale': '3x:0,0,0,0,0,0',
 'offset_unit': 'MM',
 'use_custom_dash': '1',
 'width_map_unit_scale': '3x:0,0,0,0,0,0'}
```

Ici, nous voyons que la couche de rayures a une couleur de ligne de 255,255,0,255 (jaune, pas de transparence), utilise une disposition de tiret personnalisée ('use_custom_dash': '1'), avec un réglage tiret/espace de 3,2 ('customdash': '3;2'). Nous pouvons modifier n'importe laquelle de ces propriétés en utilisant la méthode "set" appropriée (Voir la QgsSimpleLineSymbolLayer documentation de l'API).

Dans ce cas, utilisez la méthode un peu obscure setCustomDashVector pour changez le motif en une longueur de 10 et un espace de 5

```
>>> sym3.setCustomDashVector([10, 5])
```

Le résultat est :

L'utilisation des méthodes de couche de symboles vous permet de personnaliser la symbologie des couches sur votre carte. Si vous regardez les méthodes disponibles, vous remarquerez que nous avons également accès aux propriétés définies par les données et que nous pouvons également les modifier dans notre code.

Pour travailler avec les couches de symboles de remplissage et de marqueur, consultez la documentation de l'API pour QgsSimpleFill-SymbolLayer et QgsSimpleMarkerSymbolLayer.

Utilisation des styles

La classe QgsMapLayer fournit un certain nombre de méthodes pour travailler avec les styles, y compris :

— saveNamedStyle
— loadNamedStyle
— saveDefaultStyle
— loadDefaultStyle
— saveSldStyle
— loadSldStyle

Par exemple, vous pouvez symboliser une couche comme vous le souhaitez, puis enregistrer les informations de style dans un fichier :

```
>>> layer = iface.activeLayer()
>>> layer.saveNamedStyle('/tmp/mystyle.qml')
```

Une fois enregistré, nous pouvons appliquer le style à une couche :

```
>>> layer.loadNamedStyle('/tmp/mystyle.qml')
>>> layer.triggerRepaint()
>>> iface.layerTreeView().refreshLayerSymbology(layer.id())
```

Notez que nous devons rafraîchir à la fois le canevas et la légende afin de voir le style appliqué. L'utilisation des méthodes saveSldStyle et loadSldStyle fait la même chose, mais enregistre le style en tant que fichier 'Styled Layer Descriptor' (SLD).

Utiliser saveDefaultStyle crée un fichier qml sur le disque qui sera appliqué chaque fois que la couche est chargée. Par exemple, si nous chargeons /gis_data/alaska.shp, stylisons la couche et utilisons saveDefaultStyle, la méthode crée /gis_data/alaska.qml. La prochaine fois que nous chargeons alaska.shp, le style sera automatiquement appliqué.

9.5   Sélection et utilisation des entités

Il existe plusieurs façons de sélectionner des entités à partir d'une couche. Par exemple, pour parcourir toutes les entités, utilisez :

Ces exemples utilisent la couche world_borders.shp.

```
for feature in layer.getFeatures():
    # do something with the feature
    print(feature.id())
```

La méthode getFeatures renvoie en fait un QgsFeatureIterator, nous permettant de parcourir toutes les entités en utilisant la syntaxe Python habituelle.

Sélection par rectangle

Nous pouvons également requêter des entités à l'aide d'une emprise rectangulaire :

```
>>> rectangle = QgsRectangle(-150, 60, -140, 61)
>>> request = QgsFeatureRequest().setFilterRect(rectangle)
>>> for feature in layer.getFeatures(request):
... # do something with each feature
```

Cela sélectionne simplement les attributs des entités—il ne met rien en évidence sur la carte. Pour sélectionner et mettre en évidence le même ensemble, utilisez :

```
>>> layer.selectByRect(rectangle)
```

Selection par identifiant d'entité

Pour récupérer une entité spécifique par son identifiant, nous pouvons utiliser :

```
>>> feature = layer.getFeature(333)
>>> feature.attributes()
[22, 'BG', 'Bangladesh', 144000.0, 141340476.0]
```

La méthode attributes renvoie les données des entités dans une liste.

Si nous spécifions un ID d'entité non existante, nous obtenons une entité vide | --- | aucune erreur n'est affichée :

```
>>> feature = lyr.getFeature(33333333333)
>>> feature.attributes()
[]
>>> feature.isValid()
False
```

Par précaution, vous devriez toujours vérifier si l'entité est valide.

Sélection par expression

Nous pouvons sélectionner des entités en utilisant la classe **QgsExpression** :

```
>>> request = QgsFeatureRequest(QgsExpression("cntry_name='Ireland'"))
>>> features = layer.getFeatures(request)
>>> for feature in features:
...     print(feature['cntry_name'])
Ireland
Ireland
Ireland
Ireland
Ireland
```

Ou tout en une seule ligne :

```
features = layer.getFeatures(QgsFeatureRequest(
                        QgsExpression("cntry_name='Ireland'")))
```

Recherche du nom et index d'attribut

Pour obtenir une liste des index et des noms d'attributs dans une couche :

```
>>> flds = layer.fields()
>>> for fld in flds:
...     print(flds.indexOf(fld.name()), fld.name())
0 CAT
1 FIPS_CNTRY
2 CNTRY_NAME
3 AREA
4 POP_CNTRY
```

Ou, nous pouvons utiliser le fournisseur de données pour obtenir un dictionnaire (dict) des attributs et de leurs indexes :

```
>>> layer.dataProvider().fieldNameMap()
{'AREA': 3, 'CAT': 0, 'CNTRY_NAME': 2, 'FIPS_CNTRY': 1, 'POP_CNTRY': 4}
```

Cette dernière méthode deviendra utile lors de la mise à jour des entités comme nous le verrons dans la section suivante.

Obtenir un attribut d'entité par nom ou index

Nous pouvons accéder aux attributs d'une entité à l'aide d'un index ou du nom. Pour la couche `world_borders`, nous pouvons obtenir le nom du pays en utilisant l'une de ces deux méthodes :

```
>>> name = feature['CNTRY_NAME']
>>> name = feature[2]
```

Nous pouvons obtenir l'index de l'attribut `CNTRY_NAME` en utilisant :

```
>>> idx = feature.fieldNameIndex('cntry_name')
```

Notez que les noms d'attributs ne sont pas sensibles à la casse.

Sélection de toutes les entités

Pour sélectionner toutes les entités dans une couche vectorielle utiliser :

```
layer.selectAll()
```

Où `layer` est une référence à un objet `QgsVectorLayer` valide. Cela sélectionne toutes les entités et les met en évidence sur la carte.

Pour supprimer la sélection :

```
layer.removeSelection()
```

Pour travailler avec des entités dans une couche utiliser `getFeatures`. Vous n'avez pas à utilisez également `selectAll` si vous souhaitez simplement parcourir les entités de la couche. L'utilisation de `selectAll` créera un ensemble de sélection de toutes les entités de la carte et les mettra en évidence. Lorsque vous créez une sélection à l'aide de PyQgis, il faut garder en tête qu'une sélection que vous n'avez pas créée par le code peut préexister.

9.6 Edition directe des attributs

Il existe différentes façons de modifier les attributs :

— Directement par le biais du fournisseur
— À l'aide d'un tampon d'édition

L'édition directe est plus facile, mais ne permet pas de revenir en arrière. Pour les prochains exemples, nous supposons que nous avons une couche de points avec des attributs name et city.

Si nous connaissons l'identifiant de l'entité, par exemple 1, nous pouvons mettre à jour le nom sans même entrer en mode édition

```
new_name = { 1: 'My New Name'}
layer.dataProvider().changeAttributeValues({1: new_name})
```

Pour mettre à jour l'attribut name, nous créons un dict (new_name) en utilisant l'index de l'attribut comme la clé, suivi du nouveau nom. Quand nous appelons changeAttributeValues, l'attribut name (à l'index 1) pour l'entité avec l'identifiant de 1 est mis à jour. Cela nécessite de connaître l'index de l'attribut à l'avance. Nous pouvons également obtenir l'index de l'attribut en récupérant d'abord l'entité que nous voulons modifier :

```
feature = layer.getFeature(1)
new_name = { feature.fieldNameIndex('name'): 'My New Name'}
layer.dataProvider().changeAttributeValues({feature.id(): new_name})
```

Nous pouvons également mettre à jour plusieurs attributs et les enregistrer en utilisant une compréhension de dictionnaire :

```
1   >>> layer = iface.activeLayer()
2   >>> provider = layer.dataProvider()
3   >>> feature = layer.getFeature(1)
4   >>> feature['name'] = 'My New Name'
5   >>> feature['city'] = 'Seattle'
6   >>> field_map = provider.fieldNameMap()
7   >>> attrs = {field_map[key]: feature[key] for key in field_map}
8   attrs
9   {0: 'Seattle', 1: 'My New Name'}
10  >>> layer.dataProvider().changeAttributeValues({feature.id(): attrs})
```

A la ligne n°3, nous obtenons l'entité avec ID 1. Nous pouvons ensuite modifier les attributs à l'aide de la syntaxe montrée aux *lignes 4 et 5*. Plutôt que de construire manuellement une liste d'attributs, à la *ligne 6*, nous obtenons la carte des attributs du fournisseur de

Voir loc8.cc/ppg/py_comp pour plus d'informations sur les listes et les dictionnaires.

données. Cette carte est simplement un un dictionnaire de clés et de valeurs, où la clé est le nom de l'attribut et la valeur est son numéro d'index. A la *ligne 7*, nous utilisons une compréhension de dictionnaire pour créer notre dictionnaire d'attributs. Cela nous donne un nouveau dict (`attrs`) avec le champ numéro d'index comme clé et nos attributs d'entité comme les valeurs (*ligne 9*). Nous pouvons ensuite, utiliser ce dictionnaire à la *ligne 10* pour mettre à jour l'entité.

L'avantage ici est une syntaxe plus simple pour attribuer de nouvelles valeurs et faciliter la construction du dictionnaire nécessaire à `changeAttributeValues`.

9.7 *Modification directe de la géométrie d'une entité*

Tout comme vous pouvez modifier les attributs directement via le fournisseur de données d'une couche, Vous pouvez en faire de même avec les géométries des entités en utilisant la méthode `changeGeometryValues`. Ici, nous récupérons l'entité avec ID 1 de notre couche de points et changeons son emplacement :

```
1  layer = iface.activeLayer()
2  feature = layer.getFeature(1)
3  if feature.isValid():
4      geometry = QgsGeometry.fromPointXY(QgsPointXY(10, 10))
5      geometry_map = {feature.id(): geometry}
6      layer.dataProvider().changeGeometryValues(geometry_map)
7      layer.triggerRepaint()
```

9.8 *Édition d'attributs avec un tampon d'édition*

L'utilisation d'un tampon d'édition est mieux adaptée aux situations où vous fournissez une expérience d'édition personnalisée via une interface graphique. Cela donne à l'utilisateur la possibilité de retour en arrière ou d'annuler les modifications.

L'utilisation d'un tampon d'édition est assez simple et ne nécessite que quelques étapes supplémentaires par rapport à l'utilisation directe du fournisseur.

Voici notre exemple précédent (Edition directe des attributs, page 124)

retravaillé à l'aide d'un tampon d'édition pour mettre à jour les attributs de l'entité avec ID de 1 :

```
1   layer = iface.activeLayer()
2   layer.startEditing()
3   layer.beginEditCommand('Edit')
4   layer.changeAttributeValue(1, 1, 'Another Name')
5   layer.changeAttributeValue(1, 0, 'Olympia, WA')
6   layer.endEditCommand()
7   layer.commitChanges()
```

Pour apporter des modifications à la couche, elle doit être en mode
édition. Cela se produit à la *ligne 2*. Nous configurons ensuite notre
tampon d'édition en utilisant `beginEditCommand` à la *ligne 3*.

Aux *lignes 4-5*, nous changeons les deux attributs (name/city) avec
des nouvelles valeurs.

Nous terminons la fin de la commande d'édition à la *ligne 6* puis
enregistrons les changements à la *ligne 7*.

Nous pouvons rendre le code un peu plus convivial en utilisant la
méthode `fieldNameIndex` au lieu de spécifier les attributs par leur
index aux *lignes 4-7* :

```
1   layer = iface.activeLayer()
2   layer.startEditing()
3   layer.beginEditCommand('Edit')
4   layer.changeAttributeValue(1, layer.dataProvider().fieldNameIndex('name'),
5                        'No Name, Jr.')
6   layer.changeAttributeValue(1, layer.dataProvider().fieldNameIndex('city'),
7                        'Tacoma, WA')
8   layer.endEditCommand()
9   layer.commitChanges()
```

C'est un peu plus facile que d'essayer de se souvenir des index des
attributs, surtout lorsque vous avez plusieurs attributs dans votre
couche.

Alors que nous avons utilisé à la fois les méthodes `startEditing`
et `commitChanges` dans les exemples, généralement celles-ci seraient
invoquées par l'utilisateur via l'interface graphique en utilisant les
outils *Basculer en mode édition* et *Enregistrer les modifications de la couche*.
En utilisant le tampon d'édition, ceci permet également à l'utilisateur de revenir en arrière ou de rejeter les modifications.

9.9 Modification d'une géométrie d'entité avec un tampon d'édition

Le processus de modification d'une géométrie d'entité dans un tampon d'édition est similaire à celui de la modification des attributs. Voici notre exemple précédent, modifié pour déplacer le point de la ville avec l'ID d'entité 1 (*ligne 5*) à un nouvel emplacement :

```
1  layer = iface.activeLayer()
2  layer.startEditing()
3  layer.beginEditCommand('Edit')
4  geometry = QgsGeometry.fromPointXY(QgsPointXY(-122.33, 47.61))
5  layer.changeGeometry(1, geometry)
6  layer.endEditCommand()
7  layer.commitChanges()
```

9.10 Enregistrer des images

Vous pouvez enregistrer le canevas de la carte actuelle sous forme d'image :

```
mc = iface.mapCanvas()
mc.saveAsImage('/tmp/nelchina.png')
```

Bien sûr, vous pouvez également le faire en une seule ligne :

```
iface.mapCanvas().saveAsImage('/tmp/nelchina.png')
```

Si nous regardons la documentation de l'API QGIS pour saveAsImage, nous trouvons :

```
void QgsMapCanvas::saveAsImage ( const QString & fileName,
                                 QPixmap*  QPixmap = nullptr,
                                 const QString & format = "PNG"
                                 )
```

Le deuxième argument nous permet de spécifier un autre objet QPixmap à utiliser comme la source de l'image. La spécification None utilise le canevas de carte comme la source. Le dernier argument nous permet de spécifier le format d'image (PNG par défaut).

Si nous regardons de prés la documentation QT pour QPixmap, nous constatons que les formats suivants sont pris en charge en mode lecture / écriture :

— BMP
— GIF
— JPG
— JPEG
— PNG
— PBM
— PGM
— PPM
— XBM
— XPM

Pour enregistrer notre canevas de carte en tant que JPG, nous utiliserons :

```
iface.mapCanvas().saveAsImage('/tmp/nelchina.jpg', None, 'JPG')
```

Un fichier 'world' est également créé au même endroit que votre image. Ceci permet d'ajouter plus tard l'image à QGIS en tant que raster géoréférencé.

9.11   Obtenir des chemins QGIS

Lors de l'écriture de plugins ou de scripts, il est souvent nécessaire d'obtenir des informations sur les chemins que QGIS utilise. Par exemple, si nous écrivons un plugin qui utilise des modèles Python pour produire un résultat en fonction des actions de l'utilisateur, nous avons besoin de connaître le chemin vers notre plugin installé. Heureusement, l'API fournit un moyen facile d'obtenir ces informations—voici quelques exemples :

— `QgsApplication.pluginPath()` : emplacement des plugins principaux
— `QgsApplication.prefixPath()` : emplacement où QGIS est installé
— `QgsApplication.qgisSettingsDirPath()` : emplacement des paramètres utilisateur

Depuis la console, nous pouvons obtenir un résumé des chemins utilisés dans QGIS en utilisant `showSettings` :

```
>>> print(QgsApplication.showSettings())
  Application state:
  QGIS_PREFIX_PATH env var:
  Prefix:          /Users/gsherman/apps/QGIS.app/Contents/MacOS
  Plugin Path:              /Users/gsherman/apps/QGIS.app/Contents/MacOS/../PlugIns/qgis
  Package Data Path:        /Users/gsherman/apps/QGIS.app/Contents/MacOS/../Resources
  Active Theme Name:        default
  Active Theme Path:        /Users/gsherman/apps/QGIS.app/Contents/MacOS/../Resources/resources/
                            themes/default/icons/
  Default Theme Path:       /images/themes/default/
  SVG Search Paths:         /Users/gsherman/apps/QGIS.app/Contents/MacOS/../Resources/svg/
                    /Users/gsherman/Library/Application Support/QGIS/QGIS3/profiles/default/svg/
  User DB Path:     /Users/gsherman/apps/QGIS.app/Contents/MacOS/../Resources/resources/qgis.db
  Auth DB Path:     /Users/gsherman/Library/Application Support/QGIS/QGIS3/profiles/default/qgis-auth.db
```

Ces chemins proviennent de mon installation de QGIS sur Mac OS X—Les vôtres seront différents.

La méthode `showsettings` n'est pas vraiment utile dans un script ou un plugin car elle renvoie une chaîne de caractères contenant des retours de ligne et des caractères d'onglet. Elle est principalement utile pour le débogage et le développement.

Obtenir le chemin vers votre plugin installé

Souvent, vous devez savoir où votre plugin est installé, vous pouvez alors accéder à des ressources supplémentaires telles que des modèles et des fichiers d'aide. Il y a plusieurs façons d'obtenir le chemin vers votre plugin, mais le moyen le plus sûr est d'utiliser `QgsApplication.qgisSettingsDirPath` :

```
>>> QgsApplication.qgisUserSettingsDirPath()
/Users/gsherman/Library/Application Support/QGIS/QGIS3/profiles/default/
```

Cela nous donne le chemin où vos paramètres sont stockés. Plus tôt, nous avons parlé de l'endroit où les plugins sont stockés et appris, quel que soit le système d'exploitation, que la partie `python/plugins` du chemin est la même. Sachant cela, nous pouvons créer le chemin complet de l'endroit où notre plugin est installé utilisant `os.path.join` et `qgisSettingsDirPath` :

os.path.join assemble les composants de chemin d'une manière intelligente et compatible du système d'exploitation.

```
>>> QgsApplication.qgisSettingsDirPath()
'/Users/gsherman/Library/Application Support/QGIS/QGIS3/profiles/default'

>>> plugin_dir = os.path.join(QgsApplication.qgisSettingsDirPath(),
                              'python', 'plugins')
>>> plugin_dir
'/Users/gsherman/Library/Application Support/QGIS/QGIS3/profiles/ \
    default/python/plugins'
```

Pour obtenir le chemin complet, nous ajoutons simplement le nom de notre plugin :

```
>>> plugin_path = os.path.join(plugin_dir, 'my_plugin')
```

Ou, tout en une seule étape :

```
>>> plugin_path = os.path.join(
...     QgsApplication.qgisSettingsDirPath(),
...     'python', 'plugins', 'my_plugin')
```

9.12 *Messages et commentaires*

La communication avec l'utilisateur depuis votre plugin ou script est importante, à la fois, pour vous, pendant le développement et après que votre travail ait été déployé. Il y a plusieurs façons pour communiquer :

— QMessageBox : Une classe Qt qui fais apparaître dans unez boite de dialogue un message indiquant que l'utilisateur doit prendre des mesures
— QgsMessageLog : Une classe QGIS qui écrit un message dans la fenêtre de message du journal
— QgsMessageBar : Une classe QGIS qui affiche un bandeau de message en haut du canevas de la carte

Examinons chaque méthode.

Utilisation de QMessageBox

L'utilisation d'une boîte de message contextuelle est un moyen valide de fournir des commentaires ou des renseignements. L'inconvénient, c'est que cela peut nuire à ce que vous essayez d'accomplir, surtout lorsque vous présentez un tout petit peu d'information.

QMessageBox est une classe Qt, ne faisant pas partie de l'API QGIS. Elle est très flexible et peut être utilisée pour présenter des informations, des avertissements, des questions et des messages critiques. Avant de pouvoir l'utiliser, nous devons l'importer à partir du module PyQt approprié :

```
from PyQt5.QtWidgets import QMessageBox
```

La classe **QMessageBox** ffournit quatre méthodes statiques pour afficher un message :

— `QMessageBox.information`
— `QMessageBox.warning`
— `QMessageBox.critical`
— `QMessageBox.question`

Il y a quelques arguments optionnels que nous pouvons utiliser, cependant pour un message popup simple, les fonctions sont appelées comme ceci :

```
QMessageBox.information(parent, title, text)
```

L'argument *parent* est l'élément GUI qui "possède" la boîte de message. Typiquement, vous pouvez spécifier *None* et cela fonctionnera bien. Pour faire de la boîte un enfant de la fenêtre principale de QGIS, vous pouvez utiliser `iface.mainwWindow()` :

```
from PyQt5.QtWidgets import QMessageBox
QMessageBox.information(iface.mainWindow(),
                        'Important Information',
                        'This is an important message')
```

La différence entre information, avertissement et critique est l'icône affichée dans la boîte. Par défaut, la méthode `question` inclut les boutons Oui et Non. Les boutons affichés pour chaque boîte de message peuvent être personnalisés :

```
QMessageBox.critical(None, "Unsave", "You have unsaved changes",
                     QMessageBox.Discard | QMessageBox.Save)
```

Cela nous donne une boîte d'information avec deux boutons : "Don't Save" et "Save." La valeur de retour est le bouton cliqué et vous pouvez l'utiliser pour déterminer ce qu'il faut faire ensuite. Notez que les boutons affichés sont spécifiés en utilisant l'opérateur `or` (|) entre chaque bouton. Vous pouvez trouver des valeurs pour les boutons (par ex. `QMessageBox.YesToAll`) dans la documentation Qt pour **QMessageBox**, *StandardButtons* flag.

Utilisation de QgsMessageLog

QGIS enregistre les messages sur un panneau spécial. Vous pouvez accéder au panneau de messages depuis le menu : `Vue->Panneaux->Panneau Journal des messages` ou en cliquant sur l'icône de bulle en bas à droite de la barre d'état. Les messages sont organisés par onglets qui indiquent la source du message.

Pour enregistrer un message dans votre propre onglet personnalisé, utilisez quelque chose comme ceci :

```
QgsMessageLog.logMessage('Le plugin SuperZoom est initialisé et prêt',
                         'SuperZoom', Qgis.Info)
```

Le premier argument est le message, le second est la balise qui sera utilisée comme nom d'onglet, et le dernier est le niveau du message. Les niveaux de message que vous pouvez utiliser sont :

Info Warning Critical Success

La figure 9.3, page suivante montre que la saisie de l'exemple ci-dessus dans la console crée un nouvel onglet nommé *SuperZoom* et y inscrit le message et le niveau.

QgsMessageLog n'est pas bien adapté pour communiquer avec l'utilisateur car il peut passer inaperçu. Il est plutôt prévu pour enregistrer les événements en particulier lors du développement de scripts et de plugins.

Utilisation de QgsMessageBar

Une bonne façon de communiquer avec l'utilisateur est d'utiliser **QgsMessageBar** :

```
iface.messageBar().pushMessage("Title","Message", Qgis.Warning, 2)
```

FIGURE 9.3: Message personnalisé écrit dans la fenêtre du journal

Cela placera une barre de message en haut du canevas de carte. Le message se compose d'un titre, le message, et un bouton pour fermer le message. L'aspect du message est contrôlé par l'argument de niveau et la durée en secondes est spécifiée par le dernier argument.

Figure 9.4 montre le résultat lorsque nous entrons ce qui suit dans la console :

```
iface.messageBar().pushMessage("SuperZoom",
                                "Vous avez spécifié un niveau de zoom invali
                                Qgis.Critical,
                                10)
```

Le message a un fond rouge, une icône "critique", et reste à l'écran pendant 10 secondes

FIGURE 9.4: Affichage d'un QgsMessageBar critique

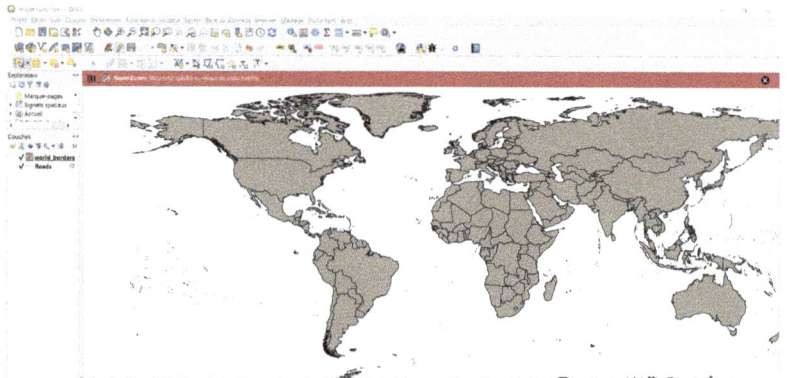

Il y a en fait deux implémentations de la méthode pushMessage que nous pouvons utiliser. En regardant la documentation de l'API QGIS pour QgsMessageBar, nous trouvons : :

```
void QgsMessageBar::pushMessage(const QString & text,
```

```
                            Qgis::MessageLevel level = Qgis::Info,
                            int duration=5
                            )


void QgsMessageBar::pushMessage(const QString & title,
                                const QString & text,
                                Qgis::MessageLevel level = Qgis::Info,
                                int duration = 5
                                )
```

Ce sont les définitions de C++. La première implémentation n'accepte comme arguments qu'un message, tandis que la seconde accepte un titre et un message. Les deux méthodes incluent le niveau et la durée. Lorsque vous voyez un signe égal (=) dans une définition de méthode, il spécifie une valeur par défaut. Dans le cas de pushMessage, le niveau 'level' a la valeur par défaut *Info* et la durée 5 secondes. On peut forcer le message à rester jusqu'à ce que l'utilisateur le ferme en réglant la durée à 0.

Vous pouvez créer un message *Info* en utilisant un seul argument :

```
iface.messageBar().pushMessage("You specified an invalid zoom level")
```

Si vous voulez fournir plus de contexte, utilisez la deuxième méthode :

```
iface.messageBar().pushMessage("SuperZoom",
                        "You specified an invalid zoom level")
```

Il y a aussi plusiers méthodes d'aide pour envoyer rapidement un message d'un niveau donné :

void pushCritical (const QString &title, const QString &message)
    Affiche un avertissement critique avec délai d'expiration par défaut dans la barre de messages.

void pushInfo (const QString &title, const QString &message)
    Envoie un message d'information avec délai d'expiration par défaut à la barre de messages.

void pushSuccess (const QString &title, const QString &message)
    Envoie un message de réussite avec délai d'expiration par défaut à la barre de messages.

void pushWarning (const QString &title, const QString &message)
   Affiche un avertissement avec délai d'expiration par défaut dans la barre de messages.

Pour faire passer un message critique :

```
iface.messageBar().pushCritical("SuperZoom",
                          "You specified an invalid zoom level")
```

Journalisation sur disque

Il s'agit d'une question purement Python, mais cela a une utilité dans certaines circonstances où vous avez besoin de beaucoup de commentaires ou d'un historique des événements qui se produisent dans votre plugin.

Pour configurer la journalisation sur disque, utilisez le module Python `logging` :

```
1  import os
2  import logging
3  logging.basicConfig(format='%(asctime)s - %(levelname)s - %(message)s',
4    filename=os.path.join(os.environ['HOME'], 'my_qgis.log'),
5    level=logging.DEBUG)
```

Cela crée un fichier journal nommé `my_qgis.log` dans votre répertoire personnel.

Une fois que vous avez configuré votre journal, vous pouvez y écrire en utilisant :

```
logging.debug("my message")
logging.info("This is just some info")
```

Cela produit des messages dans un journal avec la date, l'heure, le niveau et le message :

```
2023-02-28 16:57:34,421 - DEBUG - my message
2023-02-28 16:59:18,328 - INFO - This is just some info
```

Pour plus de détails et d'options sur la journalisation avec Python, consultez la documentation Python.[21]

21. https://docs.python.org/3/ library/logging.html

9.13 Actualisation de la carte et de la légende

Vous avez probablement remarqué que les modifications apportées à la symbologie ou l'ajout/la modification d'entités n'affectent pas l'affichage de la carte ou de la légende. Nous avons utilisé des méthodes de rafraichissement dans des exemples précédents, mais les voici à nouveau à titre de référence :

```
# rafraîchir toute la carte
iface.mapCanvas().refresh()
# repeindre la couche
layer.triggerRepaint()
# rafraîchir la légende
iface.layerTreeView().refreshLayerSymbology(layer.id())
```

Le rafraîchissement de la légende nécessite que vous passiez une référence à l'identifiant de la couche.

9.14 Création d'un outil cartographique

Souvent on a besoin d'un outil de carte personnalisé pour interagir avec le canevas de la carte. L'exemple le plus simple est un outil basé sur QgsMapToolEmitPoint, qui émet les coordonnées d'un clic de souris sur le canevas.

Supposons que nous voulions un outil pour créer une ligne droite sur la carte. Nous y parvenons en dérivant QgsMapToolEmitPoint et en ajoutant les méthodes que nous voulons remplacer. Notre outil devrait récupérer le premier clic comme point de départ, dessiner un élastique à partir du premier point lorsque la souris est déplacée sur le canevas. Le clic suivant définit alors le point final et nous pouvons créer la ligne.

Pour implémenter ces fonctionnalités, nous avons besoin des méthodes suivantes de la classe de base QgsMapToolEmitPoint :

— canvasPressEvent
— canvasMoveEvent

Voici une implémentation de l'outil cartographique :

```
1   from PyQt5.QtCore import pyqtSignal, Qt
2   from PyQt5.QtGui import QColor
3   from qgis.core import QgsGeometry, QgsPointXY
4   from qgis.gui import QgsMapToolEmitPoint, QgsRubberBand
5
6
7   class ConnectTool(QgsMapToolEmitPoint):
8       """ Map tool to connect points."""
9
10      line_complete = pyqtSignal(QgsPointXY, QgsPointXY)
11      start_point = None
12      end_point = None
13      rubberband = None
14
15      def __init__(self, canvas):
16          self.canvas = canvas
17          QgsMapToolEmitPoint.__init__(self, canvas)
18
19      def canvasMoveEvent(self, event):
20          if self.start_point:
21              point = self.toMapCoordinates(event.pos())
22              if self.rubberband:
23                  self.rubberband.reset()
24              else:
25                  self.rubberband = QgsRubberBand(self.canvas, False)
26                  self.rubberband.setColor(QColor(Qt.red))
27              # Definir la geometrie du contour d'edition
28              points = [self.start_point, point]
29              self.rubberband.setToGeometry(QgsGeometry.fromPolylineXY(points),
30                                            None)
31
32      def canvasPressEvent(self, e):
33          if self.start_point is None:
34              self.start_point = self.toMapCoordinates(e.pos())
35          else:
36              self.end_point = self.toMapCoordinates(e.pos())
37              # Detruire le contour d'edition
38              self.rubberband.reset()
39              # La ligne est achevee, émettre un signal
40              self.line_complete.emit(self.start_point, self.end_point)
41              # Reinitialiser les points
42              self.start_point = None
43              self.end_point = None
```

Passons en revue le code pour voir comment cela fonctionne.

Tout d'abord, nous avons besoin de certains des imports habituels (*lignes 1 à 4*), ainsi que d'un que nous n'avons pas encore rencontré : pyqtSignal—plus de détails à ce sujet dans un instant.

À la *ligne 7*, nous voyons la déclaration de classe pour ConnectTool et notons qu'elle dérive QgsMapToolEmitPoint. cela nous donne toutes les fonctionnalités de la classe de base, ainsi que la possibilité de la surcharger pour personnaliser le comportement.

À la *ligne 10*, nous déclarons un signal Qt nommé line_complete, en utilisant le mot clé pyqtSignal. Nous émettrons ce signal lorsque notre ligne sera terminée, en transmettant les points de début et de fin en tant qu'objets QgsPointXY. Lorsque vous utilisez pyqtSignal, vous pouvez créer un signal avec ou sans arguments. Lorsque vous spécifiez des arguments, vous les déclarez en utilisant leurs types Python—dans notre cas, QgsPointXY.

Nous déclarons et définissons également nos attributs start_point, end_point et rubberband à None aux *lignes 11-13*.

Ensuite, notre méthode __init__ (*lignes 15-17*) configure la classe, y compris le stockage d'une référence au canevas de la carte (que nous devons lui transmettre). Vous remarquerez à la *ligne 17* que nous appelons la méthode __init__ de la classe parente. Ceci est important pour initialiser les choses correctement.

La méthode suivante que nous devons surcharger est canvasMoveEvent, ce que nous faisons aux *lignes 19-30*. Cet événement est déclenché chaque fois que la souris se déplace sur le canevas, nous fournissant les informations de coordonnées. Nous pouvons l'utiliser pour dessiner un élastique du point de départ à la position actuelle du curseur.

Nous avons besoin d'un point de départ pour notre élastique ; nous vérifions cela à la *ligne 20*, et s'il existe, nous obtenons le point de clic à la *ligne 21*. Ensuite, nous vérifions si nous avons un objet élastique à la *ligne 22*. Si c'est le cas, nous le réinitialisons (car il va changer), sinon nous créons l'élastique et définissons sa couleur en rouge (*lignes 24-26*).

Pour définir la géométrie de l'élastique, nous utilisons le start_point et l'emplacement actuel du curseur de la souris, tels qu'ils sont contenus dans l'événement. La *ligne 28* crée la liste nécessaire pour définir la géométrie, ce qui est fait aux *lignes 29 et 30*. Cela fera apparaître l'élastique sur le canevas de carte. Lorsque nous déplaçons la souris, `canvasMoveEvent` est appelé à plusieurs reprises et la géométrie de l'élastique est mise à jour, ce qui donne l'impression qu'il se déplace avec le curseur.

La dernière méthode de notre classe de base que nous surchargerons est la `canvasPressEvent` (*lignes 32-43*). Cet événement est déclenché chaque fois qu'il y a un clic de souris sur le canevas de la carte et nous l'utilisons pour définir nos points de départ et d'arrivée. L'événement comprend des informations sur l'emplacement du clic, ainsi que le bouton utilisé et les modificateurs de clavier en cours de lecture. Pour nos besoins, nous ne sommes intéressés que par deux choses : le fait qu'un bouton de la souris a été cliqué et l'emplacement du clic.

À la *ligne 33*, nous vérifions si nous n'avons pas encore de point de départ et si c'est le cas, nous le définissons à la *ligne 34*. Sinon, le clic est notre point final et nous le stockons, réinitialisons l'élastique, émettons le signal `line_complete`, puis effaçons nos points de début/fin (*lignes 35-43*).

Notez qu'avant de définir `start_point` ou `end_point`, nous utilisons la méthode `toMapCoordinates` pour convertir les coordonnées de l'écran en coordonnées cartographiques (*lignes 34 et 36*).

À la *ligne 40*, nous émettons notre signal personnalisé. Le signal, avec ses deux arguments (points de début et de fin) est émis et toute classe ou méthode qui est connectée au signal le captera. Les points de départ et d'arrivée peuvent ensuite être utilisés pour créer une nouvelle entité ou faire autre chose d'utile.

Utilisation de l'outil cartographique

Pour utiliser notre nouvel outil de carte, nous allons créer une instance de l'outil de carte et créer la ligne en fonction des deux points cliqués :

1. Créez-le :

```
map_tool = ConnectTool(self.canvas)
```

2. Créer une action pour l'activer :

```
self.connect_action = QAction(
        QIcon(":/ourapp/connect_icon"),
        "Connect",
        self)
```

3. Ajouter l'action à notre barre d'outils :

```
self.toolbar.addAction(self.connect_action)
```

4. Connectez l'action à une méthode qui définit l'outil de carte :

```
self.connect_action.triggered.connect(self.connect_pt)
```

5. Créer la méthode qui définit l'outil de carte :

```
def connect_pt(self):
    self.map_canvas.setMapTool(self.tool_connect)
```

6. Créer la méthode qui crée la nouvelle ligne :

```
def connect_complete(self, pt1, pt2):
    # create the line from the points
    QMessageBox.information(None,
                    "Connect Tool",
                    "Creating line from %s to %s"
                    % (pt1.toString(), pt2.toString()))
```

7. Connectez le signal `line_complete` de l'outil de carte à la méthode `connect_complete` pour créer la ligne :

```
self.tool_connect.line_complete.connect(self.connect_complete)
```

Nous implémenterons ce code dans un cas concret lorsque nous arriverons à Ajout d'un outil cartographique personnalisé dans Chapter 14, Développer une application autonome, page 228.

9.15   Ajout d'outils existants à une barre d'outils personnalisée

En plus d'ajouter vos propres outils à une barre d'outils personnalisée (telle que celle que vous créez pour un plugin), vous pouvez également ajouter des outils QGIS existants. Cela peut sembler redondant, mais si vous créez un plugin qui a sa propre barre d'outils et utilise certains outils QGIS standard, il est logique de les mettre tous au même endroit pour améliorer l'expérience utilisateur.[22]

22. Les gars cool appellent ça *UX*

Par exemple, supposons que nous avons une barre d'outils dans notre classe de plugin référencée comme self.toolbar et que notre plugin a également stocké l'objet qgis.utils.iface dans self.iface. Voici comment ajouter l'outil de sélection par rectangle à notre barre d'outils lors de l'initialisation de l'interface graphique :

```
rect_select = self.iface.actionSelectRectangle()
self.toolbar.addAction(rect_select)
```

Nous pouvons également le faire directement depuis la console Python, qui l'ajoute à la *Extensions* :

```
>>> rect_select = iface.actionSelectRectangle()
>>> iface.addToolBarIcon(rect_select)
```

C'est tout ce qu'on peut en dire. L'action est ajoutée à notre barre d'outils et apparaît avec la même icône que dans la barre d'outils QGIS *Gestion des couches*. L'outil est prêt à l'emploi et fonctionne exactement comme l'original.

9.16   *Accès à un plugin existant*

Parfois, vous pouvez vouloir accéder aux capacités d'un plugin existant à partir de votre propre script ou plugin. Bien que cela nécessite une compréhension des méthodes et des classes dans le plugin cible, cela peut s'avérer utile.

Le module qgis.utils fournit une structure de données que nous pouvons utiliser pour identifier les plugins disponibles et obtenir une référence à une fonctionnalité d'intérêt. Pour cet exemple, nous utiliserons le plugin *PinPoint* qui vous permet de placer une épingle avec une étiquette à un endroit sur la carte. En plus de capacités standard de plugin, *PinPoint* a les méthodes suivantes :

PinPoint est inclus dans le fichier de téléchargement du livre. Vous pouvez l'installer à partir du plugin Gestionnaire utilisant *Installez à partir de l'option ZIP* et sélectionnez pinpoint.zip.

— `create_pin_layer()`

— place_pin(point, button)

La première méthode crée une couche mémoire pour les épingles et la seconde méthode place l'épingle en fonction de l'emplacement du clic de l'utilisateur. Pour utiliser les méthodes du plugin *PinPoint*, il faut d'abord s'assurer qu'il est chargé et actif. Le dictionnaire qgis.utils.plugins contient tous les plugins chargés, identifiés chacun avec son nom comme clé. Nous pouvons accéder à *PinPoint* comme suit :

```
>>> import qgis.utils
>>> pp = qgis.utils.plugins['pinpoint']
>>> pp
<pinpoint.pinpoint.PinPoint instance at 0x9efba4c>
```

Bien que cela fonctionne lorsque *PinPoint* est chargé, ce n'est pas le cas lorsqu'il ne l'est pas :

```
pp = qgis.utils.plugins['pinpoint']
Traceback (most recent call last):
  File "<input>", line 1, in <module>
KeyError: 'pinpoint'
```

La solution est de vérifier avant de l'utiliser :

```
if 'pinpoint' in qgis.utils.plugins:
    pp = qgis.utils.plugins['pinpoint']
    pp
<pinpoint.pinpoint.PinPoint instance at 0x9efba4c>
```

Maintenant que nous savons comment obtenir une référence au plugin *PinPoint*, voici le code que nous utiliserions pour créer la couche des épingles et placer une épingle aux coordonnées 100, 100 :

```
if 'pinpoint' in qgis.utils.plugins:
    pp = qgis.utils.plugins['pinpoint']
    pp.create_pin_layer()
    pp.place_pin(QgsPointXY(100,100), 1)
```

L'appel à place_pin fera apparaître une boîte de dialogue pour que nous puissions entrer le nom de l'épingle et lorsque nous cliquerons sur OK, l'épingle sera placée sur notre couche mémoire nouvellement créée.

Comme on l'a mentionné au début, nous devons comprendre le code de *PinPoint*, comme le fait que `place_pin` nécessite une QgsPointXY pour l'emplacement et que l'argument `button` prend une valeur entière. Pour placer des épingles supplémentaires, il suffit d'appeler `place_pin`—nous n'utiliserons pas de nouveau `create_pin_layer` car cela ajouterait encore une couche de mémoire à notre canevas de carte.

9.17   Configuration d'un dépôt

Ce n'est pas une pratique courante, mais elle est utile dans un environnement de collaboration

Comme nous l'avons déjà mentionné, il est préférable de d'enregistrer vos plugins au dépôt QGIS officiel afin qu'ils puissent être partagés avec d'autres. Il y a des moments où vous pouvez avoir besoin d'un dépôt interne, en particulier pendant le développement ou les tests d'équipe.

Un dépôt peut être configuré localement sur un système de fichiers partagé ou sur une machine avec un serveur web. Pour configurer un dépôt :

1. Créer un fichier XML dans un répertoire web/fichier accessible qui décrit le(s) plugin(s) inclus dans le dépôt

2. Copier ou téléverser le fichier zip du plugin dans le répertoire approprié pour le téléchargement par le gestionnaire de plugin QGIS

Voici un exemple de fichier simple `plugins.xml` qui définit un dépôt sur un serveur web :

```
1    <?xml version = '1.0' encoding = 'UTF-8'?>
2    <?xml-stylesheet type='text/xsl' href='/contributed.xsl' ?>
3    <plugins>
4      <pyqgis_plugin name='ScriptRunner' version='3.01'>
5        <description>Run Python scripts </description>
6        <version>3.01</version>
7        <qgis_minimum_version>3.0</qgis_minimum_version>
8        <homepage></homepage>
9        <file_name>scriptrunner.zip</file_name>
10       <author_name>Gary Sherman</author_name>
11       <download_url>https://example.com/qgis_plugins/scriptrunner.zip</download_
12       <uploaded_by>gsherman</uploaded_by>
```

```
13      <create_date>2017-11-05</create_date>
14      <update_date>None</update_date>
15      <experimental>False</experimental>
16    </pyqgis_plugin>
17  </plugins>
```

Cet exemple définit un plugin : *ScriptRunner*. Chaque plugin du dépôt est défini dans un ensemble de balises *pyqgis_plugin*. Les exigences sont assez explicites. Pour que QGIS puisse récupérer et installer le plugin, le fichier zip doit être correctement spécifié dans la balise *download_url*.

Une fois le fichier `plugins.xml` créé, placez-le à un endroit accessible par HTTP. Par exemple, vous pouvez utiliser une URL similaire, en remplaçant *example.com* par le nom de domaine de votre serveur :

```
https://www.example.com/plugins.xml
```

Une fois le dépôt configuré, ajoutez-le au registre des dépôts d'*Extensions* à l'aide du bouton onglet *Paramètres* (voir Figure 9.5).

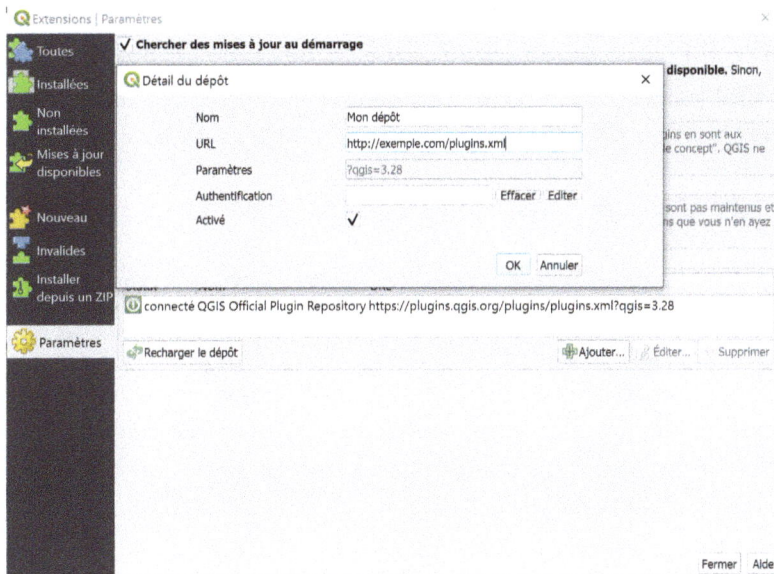

FIGURE 9.5: Ajout d'un dépôt au Plugin Manager

Lorsque *Extensions* se connecte aux dépôts configurés, votre plugin(s) apparaîtra dans la liste des plugins disponibles.

Pour créer un dépôt sur un système de fichiers, les étapes sont similaires. Notre `plugins.xml` ressemble à ceci :

```
1    <?xml version = '1.0' encoding = 'UTF-8'?>
2    <?xml-stylesheet type='text/xsl' href='/contributed.xsl' ?>
3    <plugins>
4      <pyqgis_plugin name='ScriptRunner' version='3.01'>
5        <description>Run Python scripts </description>
6        <version>3.01</version>
7        <qgis_minimum_version>3.0</qgis_minimum_version>
8        <homepage></homepage>
9        <file_name>scriptrunner.zip</file_name>
10       <author_name>Gary Sherman</author_name>
11       <download_url>file:///Users/gsherman/qgis_plugins/scriptrunner.zip</down
12       <uploaded_by>gsherman</uploaded_by>
13       <create_date>2017-11-05</create_date>
14       <update_date>None</update_date>
15       <experimental>False</experimental>
16     </pyqgis_plugin>
17   </plugins>
```

Vous remarquerez que le seul changement est la balise `download_url` qui pointe vers un répertoire.

Pour utiliser ce dépôt, nous plaçons `plugins.xml` dans un emplacement approprié tel que `/Users/gsherman/qgis_plugins`.

Pour l'ajouter à *Extensions*, nous définissons l'emplacement du dépôt à `file:///Users/gsherman/qgis_plugins/plugins.xml`.

9.18 Utilisation des éléments du canevas de carte

Il y a quelques éléments du canevas de carte que vous pouvez ajouter à la carte : marqueurs de noeuds et contours d'édition.

Ajout de marqueurs

Les marqueurs sont ajoutés en utilisant la classe **QgsVertexMarker**. Pour ajouter un marqueur, nous devons passer une référence au canevas de carte. Voici une session interactive de la console Python qui ajoute un marqueur :

```
1    marker = QgsVertexMarker(iface.mapCanvas())
2    marker.setCenter(QgsPointXY(-151.0, 62.0))
```

```
3   marker.setIconSize(10)
4   marker.setIconType(QgsVertexMarker.ICON_BOX)
5   marker.setPenWidth(3)
6   marker.setColor(QColor(0, 255, 0))
```

D'abord, nous créons le marqueur, puis nous le plaçons aux coordonnées souhaitées (ligne 2). Nous pouvons aussi définir la taille, la largeur et la couleur de

la ligne. La classe QgsVertexMarker prend en charge six "styles" :

— ICON_NONE
— ICON_CROSS
— ICON_X (default)
— ICON_BOX
— ICON_CIRCLE
— ICON_DOUBLE_TRIANGLE

Les marqueurs persistent sur le canevas, même si vous chargez ou lancez un nouveau projet. Pour se débarrasser d'un marqueur, nous utilisons :

```
iface.mapCanvas().scene().removeItem(marker)
```

Évidemment, nous devons garder une trace de tous nos marqueurs si nous voulons pouvoir les supprimer. Une façon est

d'ajouter chaque marqueur à une liste qui peut être utilisée plus tard. Lorsque nous créons des marqueurs, nous les ajoutons à une liste :

```
1    markers = []
2
3    marker1 = QgsVertexMarker(iface.mapCanvas())
4    marker1.setCenter(QgsPointXY(-150.5, 62.0))
5    marker1.setIconType(QgsVertexMarker.ICON_CIRCLE)
6    markers.append(marker1)
7
8    marker2 = QgsVertexMarker(iface.mapCanvas())
9    marker2.setCenter(QgsPointXY(-150.5, 62.5))
10   marker2.setIconType(QgsVertexMarker.ICON_CIRCLE)
11   markers.append(marker2)
```

Notez que nous n'avons pas spécifié de couleur, de taille ou de largeur de stylo—les marqueurs sont créés avec les paramètres par défaut.

Lorsque nous voulons les supprimer, il suffit d'itérer à travers la liste markers, en appelant removeItem pour chacun d'eux, comme dans l'exemple ci-dessus.

Contour d'édition

Un contour d'édition ('Rubberband') peut être un peu mal nommé. La classe QgsRubberBand prend en charge plus qu'une simple polyligne. Avec elle, vous pouvez placer des lignes et des polygones sur la carte, ainsi que mettre en évidence des points, des polylignes et des polygones.

On peut ajouter un rectangle au canevas :

```
rb = QgsRubberBand(iface.mapCanvas())
rect = QgsRectangle(QgsPointXY(-151, 60), QgsPointXY(-150, 61))
rb.setToGeometry(QgsGeometry.fromRect(rect), iface.activeLayer())
```

Cela nous donne un rectangle semi-transparent, en utilisant la géométrie du QgsRectangle que nous avons créé. Vous pouvez également créer un contour d'édition en utilisant la géométrie d'une entité. Ici, nous mettons en évidence l'Islande sur la carte du monde :

```
1  # Recuperer la couche des frontieres du monde (la couche active)
2  wb = iface.activeLayer()
3  # Obtenir l'entite representant l'Islande
4  features = wb.getFeatures(QgsFeatureRequest(QgsExpression("cntry_name='Iceland'
5  iceland = QgsFeature()
6  features.nextFeature(iceland)
7  # Creer le contour d'edition
8  rb = QgsRubberBand(iface.mapCanvas())
9  # Definir la couleur de remplissage en rouge avec une transparence de 50 %.
10 rb.setColor(QColor(255, 0, 0, 128))
11 # Definir la forme de l'elastique (geometrie) a celle de l'Islande
12 rb.setToGeometry(iceland.geometry(), wb)
```

Le processus de mise en évidence d'un point ou d'une ligne est le même : récupérez l'entité, puis définissez la géométrie de l'objet QgsRubberBand avec celle de l'entité, comme nous l'avons fait à la *ligne 12* ci-dessus. Assurez-vous de fournir une référence à la couche de l'entité comme second argument à `setToGeometry`.

Vous pouvez également définir la couleur, la largeur et le style du contour d'édition—voir la documentation QGIS de `QgsRubberBand` pour essayer.

9.19   Exercices

1. Trouvez le module `qgis.utils` dans le répertoire d'installation de QGIS et ouvrez-le via un éditeur de texte. Examinez les méthodes et les structures de données disponibles.

2. Créez une couche mémoire de points avec des champs `id` et `name`, ajoutez-y des éléments et ajoutez-la au canevas de la carte.

3. Écrivez un script pour activer l'étiquetage de la couche des points que vous avez créé et étiquetez chaque entité en utilisant le champ `name`.

4. En utilisant la couche de points, écrivez un script qui vous permet de modifier le `name` d'une entité sélectionnée, demander le nouveau nom, puis l'enregistrer dans la table d'attributs.

10 *Extension de l'API*

Dans nos efforts de programmation PyQGIS, nous ne sommes pas limités à utiliser la fonctionnalité que l'API fournit—nous pouvons l'étendre en écrivant nos propres fonctions et classes.

Dans ce chapitre, nous allons travailler sur un petit script "wrapper" pour illustrer le concept et faciliter le travail avec les couches et les couleurs. Notre objectif ici est de simplifier l'ajout de couches vecto-rielles et raster. De plus, nous écrirons une fonction pour simplifier la modification de la couleur d'une couche et la mise à jour de la légende.

10.1   Les imports

Pour commencer, notre wrapper ne prendra en charge que les couches OGR et GDAL. Pour cela, nous devrons importer non seulement les modules PyQt5 et QGIS, mais aussi OGR et GDAL également. Voici les imports dont nous avons besoin :

Listing 10.1 – wrapper.py : Les imports

```
1  import os
2  import sys
3
4  from PyQt5.QtGui import QColor
5
6  from qgis.utils import iface
7  from qgis.core import QgsProject
8
9  from osgeo import ogr
10 from osgeo import gdal
```

Pendant que vous examinez les listings, pensez à des façons de modifier
le code pour le rendre plus concis.

Nous avons besoin du module PyQt5.QtGui car nous allons utiliser la classe QColor pour définir la couleur de nos couches vecto-
rielless. Nous utiliserons également certaines classes des modules
qgis.core''et ''qgis.utils. Enfin, les modules ogr et gdal sont
nécessaires pour que nous puissions déterminer le type de couche
que nous ajoutons—cela deviendra plus clair dans les prochains extraits de code.

10.2   La fonction addLayer

Notre fonction addLayer prend une URI (dans ce cas un chemin) et
un paramètre optionnel *name* :

Listing 10.2 – wrapper.py : La fonction addLayer

```
12   sys.path.append(os.path.dirname(os.path.realpath(__file__)))
13
14
15   def addLayer(uri, name=None):
16       """ Generic attempt to add a layer by attempting to
17           open it in various ways"""
18       # Essayer d'ouvrir en utilisant ogr
19       lyr = ogr.Open(uri)
20       if lyr:
21           return addOgrLayer(uri, name)
22       else:
23           # Essayer d'ouvrir en utilisant gdal
24           lyr = gdal.Open(uri)
25           if lyr:
26               return addGdalLayer(uri, name)
```

Dans addLayer, nous supposons que nous obtenons un chemin vers
une couche vectorielle prise en charge par OGR ou un raster GDAL.
A la *ligne 19* nous essayons de l'ouvrir, en utilisant OGR, en appelant
la fonction ogr.Open. Si OGR peut l'ouvrir, nous savons qu'il s'agit
d'une couche vectorielle valide, alors nous passons l'URI et le nom
optionnel à la fonction addOgrLayer pour l'ajouter au canevas de
carte. Si ogr.Open retourne *None*, nous essayons de l'ouvrir en tant
que raster GDAL à la *ligne 24*. Si cela réussit, nous l'ajoutons à QGIS
en utilisant la fonction addGdalLayer. Si ni l'une ni l'autre de ces
méthodes ne donne de résultat, nous renvoyons None, ce qui indique
que nous ne pouvons pas ajouter la couche.

Examinons les fonctions `addOgrLayer` et `addGdalLayer` pour voir comment elles ajoutent des couches vectorielles et raster à la carte.

10.3 Les fonctions addOgrLayer et addGdalLayer

Voici le code des deux fonctions qui font le boulot :

Listing 10.3 – wrapper.py : Les fonctions addOgrLayer et addGdal-Layer

```
31  def addOgrLayer(layerpath, name=None):
32      """ Add an OGR layer and return a reference to it.
33          If name is not passed, the filename will be used
34          in the legend.
35
36          User should check to see if layer is valid before
37          using it."""
38      if not name:
39          (path, filename) = os.path.split(layerpath)
40          name = filename
41
42      return iface.addVectorLayer(layerpath, name, 'ogr')
43
44
45  def addGdalLayer(layerpath, name=None):
46      """Add a GDAL layer and return a reference to it"""
47      if not name:
48          (path, filename) = os.path.split(layerpath)
49          name = filename
50
51      return iface.addRasterLayer(layerpath, name)
```

Au moment où `addLayer` appelle soit `addOgrLayer` ou `addGdalLayer`, nous savons que nous avons une couche valide. Examinons d'abord ce qui se passe lors de l'ajout d'une couche vectorielle.

Aux *lignes 38-40* nous vérifions si un nom personnalisé pour la couche a été passé. Si c'est le cas nous l'utilisons, sinon le nom du fichier est utilisé dans la légende.

A la ligne 42 *la couche est créée en passant le chemin, le nom et la clé du fournisseur de données (ogr) à*
`iface.addVectorLayer` et renvoyant une référence à la nouvelle couche.

L'ajout d'un raster fonctionne à peu près de la même façon aux *lignes 45-51*, en passant le chemin et le nom de la couche à `iface.addRasterLayer`, en l'ajoutant à la carte et en retournant sa référence.

Voyons comment nous pourrions utiliser ce que nous avons jusqu'à présent pour ajouter une couche vectorielle et une couche raster à la carte.

10.4   Utilisation de la fonction addLayer

La première chose que nous devons faire est de nous assurer que notre script wrapper peut être trouvé. Cela signifie qu'il doit être dans le chemin Python. Il y a plusieurs façons de procéder :

1. Définir la variable d'environnement PYTHONPATH pour pointer vers le répertoire où réside `wrapper.py`
2. Ajouter dynamiquement le chemin à l'aide de `sys.path.append`
3. Placer `wrapper.py` dans le sous-répertoire python QGIS

La dernière méthode peut sembler facile, mais lorsque vous mettez à jour ou désinstallez QGIS, votre script peut être perdu.

Dans notre exemple, nous utiliserons la deuxième méthode simplement pour illustrer comment cela se fait. Nous avons extrait `pyqgis_code.zip` dans notre répertoire de développement :

```
/home/gsherman/development/pyqgis_code
```

Voici le script qui nous permet d'ajouter la couche vectorielle `world_borders` et le raster `natural_earth` à notre canevas de carte en utilisant wrapper.py :

```
1  import sys
2  sys.path.append('/Users/gsherman/development/pyqgis_code')
3
4  from wrapper import wrapper
5  lyr_vector = wrapper.addLayer('/data/pyqgis_data/world_borders.shp',
6                                'World Borders')
7  lyr_raster = wrapper.addLayer('/data/HYP_HR_SR_OB_DR/HYP_HR_SR_OB_DR.tif',
8                                'Natural Earth')
```

A la *ligne* 2 nous ajoutons le répertoire contenant le module `wrapper`
au chemin Python en le codant en dur.

💡 **Astuce : Ajouter à `sys.path` à la volée**

Si vous avez un script ou un plugin qui doit importer des modules
supplémentaires situés dans le même répertoire, vous pouvez le faire
en ajoutant les instructions suivantes à votre code :

```
import os
import sys
sys.path.append(os.path.dirname(os.path.realpath(__file__)))
```

Ceci ajoute le répertoire où votre script réside (contenu dans
`__file__`) au chemin Python d'une manière assez portable.

Nous pouvons charger notre petit script dans l'éditeur de console
et l'exécuter en utilisant le bouton *Lancer le script*. Le résultat peut
être vu dans l'illustration 10.1, page suivante. Remarquez l'ordre
dans lequel nous avons exécuté nos instructions qui a fait que le
raster a été chargé au-dessus de la couche vectorielle. Appréciez
maintenant à quel point l'utilisation de `addLayer` simplifie l'ajout
de couche dans l'interface de QGIS.[23]

Faisons en sorte qu'il soit facile d'enlever une couche—dans ce cas,
nous utiliserons le script pour enlever la couche `natural_earth` afin
de voir `world_borders`. Voici la fonction que nous devons ajouter à
`wrapper.py` :

23. Peut-être pas largement plus facile, mais certainement plus flemmard.

Listing 10.4 – wrapper.py : Enlever une couche

```
53
54  def removeLayer(layer):
55      QgsProject.instance().removeMapLayer(layer.id())
56      iface.mapCanvas().refresh()
```

La fonction `removeMapLayer` utilise l'ID de la couche pour la supprimer de la carte. Bien que nous puissions ajouter des couches sans
sauvegarder leurs références, cela nous empêche de travailler plus
facilement avec elles par la suite. Dans notre script de test, nous

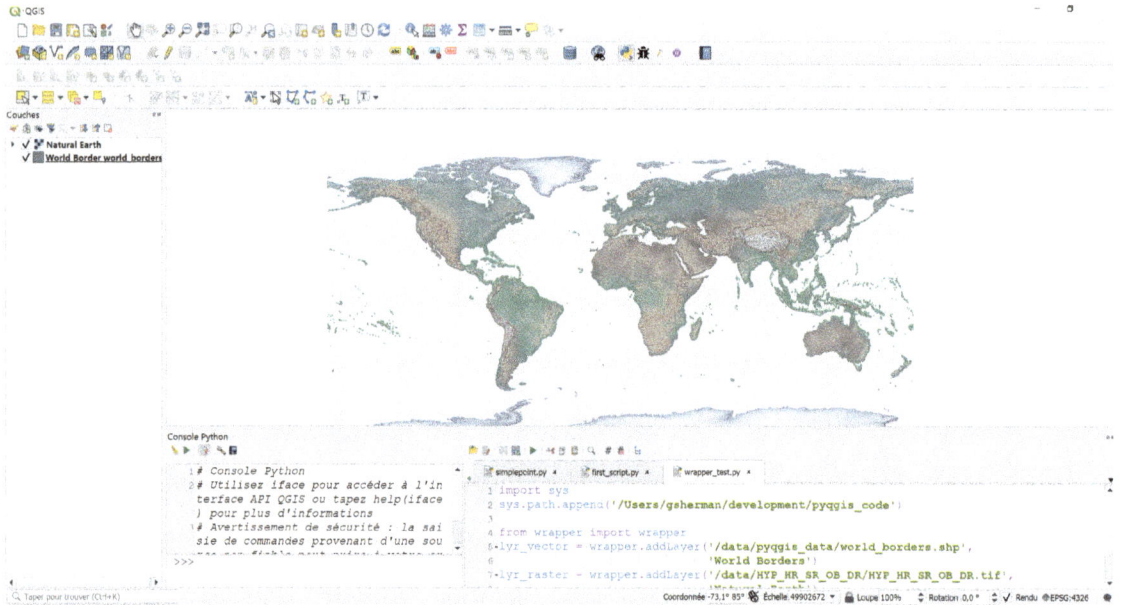

FIGURE 10.1 : Résultats de l'utilisation de wrapper.py

avons stocké les références aux couches vectorielle et raster respectivement dans `lyr_vector` et `lyr_raster`.

Pour supprimer le raster `natural_earth`, nous utilisons :

```
wrapper.removeLayer(lyr_raster)
```

🖊 L'exécution d'un script depuis l'éditeur de console rend également les variables et les objets accessibles dans la console. Par exemple, vous pouvez exécuter le script pour ajouter des couches vectorielles et raster à partir de l'éditeur, puis passer à la console et utiliser interactivement la fonction `wrapper.removeLayer` pour supprimer une couche.

Voici notre script mis à jour—ensuite, nous allons ajouter quelques fonctions pour nous aider à changer la couleur et la transparence d'une couche vectorielle :

Listing 10.5 – wrapper.py : Utilisation de la fonction addLayer

```
1   import os
```

```python
import sys

from PyQt5.QtGui import QColor

from qgis.utils import iface
from qgis.core import QgsProject

from osgeo import ogr
from osgeo import gdal

sys.path.append(os.path.dirname(os.path.realpath(__file__)))


def addLayer(uri, name=None):
    """ Generic attempt to add a layer by attempting to
        open it in various ways"""
    # Essayer d'ouvrir en utilisant ogr
    lyr = ogr.Open(uri)
    if lyr:
        return addOgrLayer(uri, name)
    else:
        # Essayer d'ouvrir en utilisant gdal
        lyr = gdal.Open(uri)
        if lyr:
            return addGdalLayer(uri, name)
        else:
            return None


def addOgrLayer(layerpath, name=None):
    """ Add an OGR layer and return a reference to it.
        If name is not passed, the filename will be used
        in the legend.

        User should check to see if layer is valid before
        using it."""
    if not name:
        (path, filename) = os.path.split(layerpath)
        name = filename

    return iface.addVectorLayer(layerpath, name, 'ogr')


def addGdalLayer(layerpath, name=None):
    """"Add a GDAL layer and return a reference to it"""
    if not name:
        (path, filename) = os.path.split(layerpath)
        name = filename

    return iface.addRasterLayer(layerpath, name)
```

```
52
53
54  def removeLayer(layer):
55      QgsProject.instance().removeMapLayer(layer.id())
56      iface.mapCanvas().refresh()
```

10.5   Modification de la couleur et de la transparence d'une couche vectorielle

Afin de changer la couleur et la transparence (opacité), nous avons besoin de quelques nouvelles fonctions dans notre script wrapper. Nous allons d'abord en ajouter une pour créer un objet QColor qui contient des informations de transparence :

Listing 10.6 – wrapper.py : Modification de la couleur et de la transparence

```
59  def createRGBA(color):
60      (red, green, blue, alpha) = color.split(',')
61      return QColor.fromRgb(int(red), int(green), int(blue), int(alpha))
```

La fonction createRGBA accepte une chaîne de définition de couleur utilisant quatre entiers séparés par des virgules de 0 à 255 qui représentent les composants rouge, vert, bleu et alpha. Elle renvoie ensuite un objet QColor construit à partir de chacune des composantes.

Par exemple, pour créer une couleur rouge avec 50% de transparence, nous utiliserons :

```
    wrapper.createRGBA('255, 0, 0, 128')
```

De même, pour créer un objet de couleur verte sans transparence, nous utiliserons :

```
    wrapper.createRGBA('0, 255, 0, 255')
```

A la *ligne 61*, on crée l'objet couleur en utilisant QColor.fromRgb' et on le renvoie.

Maintenant que nous pouvons créer une couleur RGBA personnalisée, regardons la fonction qui change réellement la couleur d'une couche vectorielle sur le canevas de la carte et dans la légende :

Listing 10.7 – wrapper.py : Modification des couleurs

```
64  def changeColor(layer, color):
65      """ Change the color of a layer using
66          Qt named colors, RGBA, or hex notation."""
67      if ',' in color:
68          # assume rgba color
69          color = createRGBA(color)
70          transparency = color.alpha() / 255.0
71      else:
72          color = QColor(color)
73          transparency = None
74
75      renderer = layer.renderer()
76      symb = renderer.symbol()
77      symb.setColor(color)
78      if transparency:
79          symb.setOpacity(transparency)
80      layer.triggerRepaint()
81      iface.layerTreeView().refreshLayerSymbology(layer.id())
```

Vous vous souvenez peut-être que nous avons examiné les façons de créer un objet QColor dans Section 7.4, Exploration de la symbologie vectorielle, page 85. Nous avons vu comment créer un objet QColor en utilisant :

— QColor(Qt.red)
— QColor('red')
— QColor('#ff0000')
— QColor(255,0,0,255)

La *ligne 64* de notre fonction changeColor adopte l'une de ces variantes pour créer une couleur. Cela nous offre une large gamme de possibilités pour créer une couleur personnalisée.

Aux *lignes 67-73*, nous vérifions si une chaîne RGBA a été passée dans le paramètre color et si oui, nous créons la couleur en utilisant createRGBA et définissons la valeur de transparence (*lignes 69-70*). Sinon, nous créons la couleur directement à la *ligne 72* et fixons la transparence à None.

Avec la couleur créée, nous obtenons une référence au symbole de la couche et le définissons (et la transparence si présente) aux *lines 75-79.*

La dernière chose à faire est de rafraîchir la couche et la légende ; ceci est fait en utilisant `triggerRepaint` à la *ligne 80* et `refreshLayerSymbology` à la *ligne 81.*

Voici le code complet de `wrapper.py` :

Listing 10.8 – wrapper.py : Le code complet

```python
import os
import sys

from PyQt5.QtGui import QColor

from qgis.utils import iface
from qgis.core import QgsProject

from osgeo import ogr
from osgeo import gdal

sys.path.append(os.path.dirname(os.path.realpath(__file__)))


def addLayer(uri, name=None):
    """ Generic attempt to add a layer by attempting to
        open it in various ways"""
    # Essayer d'ouvrir en utilisant ogr
    lyr = ogr.Open(uri)
    if lyr:
        return addOgrLayer(uri, name)
    else:
        # Essayer d'ouvrir en utilisant gdal
        lyr = gdal.Open(uri)
        if lyr:
            return addGdalLayer(uri, name)
        else:
            return None


def addOgrLayer(layerpath, name=None):
    """ Add an OGR layer and return a reference to it.
        If name is not passed, the filename will be used
        in the legend.

        User should check to see if layer is valid before
        using it."""
```

```
38      if not name:
39          (path, filename) = os.path.split(layerpath)
40          name = filename
41
42      return iface.addVectorLayer(layerpath, name, 'ogr')
43
44
45  def addGdalLayer(layerpath, name=None):
46      """Add a GDAL layer and return a reference to it"""
47      if not name:
48          (path, filename) = os.path.split(layerpath)
49          name = filename
50
51      return iface.addRasterLayer(layerpath, name)
52
53
54  def removeLayer(layer):
55      QgsProject.instance().removeMapLayer(layer.id())
56      iface.mapCanvas().refresh()
57
58
59  def createRGBA(color):
60      (red, green, blue, alpha) = color.split(',')
61      return QColor.fromRgb(int(red), int(green), int(blue), int(alpha))
62
63
64  def changeColor(layer, color):
65      """ Change the color of a layer using
66          Qt named colors, RGBA, or hex notation."""
67      if ',' in color:
68          # assume rgba color
69          color = createRGBA(color)
70          transparency = color.alpha() / 255.0
71      else:
72          color = QColor(color)
73          transparency = None
74
75      renderer = layer.renderer()
76      symb = renderer.symbol()
77      symb.setColor(color)
78      if transparency:
79          symb.setOpacity(transparency)
80      layer.triggerRepaint()
81      iface.layerTreeView().refreshLayerSymbology(layer.id())
```

Ce chapitre vous a donné un exemple simple de la façon dont vous pouvez combiner diverses classes et méthodes de l'API QGIS pour créer de nouvelles fonctions. Vous avez peut-être déjà pensé à des améliorations qui pourraient être mises en œuvre dans le wrapper.

Quelques suggestions suivent dans la section suivante.

10.6   Exercises

1. Identifier des portions dans `wrapper.py` qui sont des points de défaillance potentiels et ajouter les vérifications d'erreurs appropriées. Par exemple, que se passe-t-il si vous passez une spécification de couleur non valide à `changeColor` ?

2. Ajouter une fonction pour réorganiser les couches dans la légende et testez-la en chargeant `world_borders.shp`, `natural_earth.tif`, puis en changeant leur ordre.

3. Ajouter une nouvelle fonction pour changer le style de remplissage d'une couche vectorielle.

4. Tout comme la fonction `createRGBA`, ajouter une nouvelle fonction qui prend quatre entiers et renvoie un nouvel objet QColor avec transparence.

5. Ajouter une fonction pour ajouter une couche PostGIS en utilisant une URI simple.

6. Ajouter une fonction pour ajouter une nouvelle couche mémoire en spécifiant les champs et CRS dans l'URI.

7. Si vous spécifiez le chemin d'un fichier GeoPackage dans `addLayer`, une liste de couches trouvées dans le paquet apparaît dans une fenêtre contextuelle. Modifiez le code pour spécifier une couche à charger et contourner la fenêtre contextuelle.

1 _Développement des plugins_

Dans ce chapitre, nous allons nous plonger dans le développement d'un plugin, mais avant cela, nous devons nous pencher sur l'architecture des plugins dans QGIS.

11.1 _Architecture des plugins Python_

Nous avons abordé la question de savoir _où_ QGIS stocke ses plugins au Chapter 5, L'écosystème QGIS/Python, page 55; Nous allons maintenant examiner en détail la structure physique d'un plugin.

Les plugins QGIS sont empaquetés dans un fichier zip, composé d'un répertoire contenant les fichiers du plugin et tous les sous-répertoires. Pour un plugin de base, le répertoire du plugin ressemble à ceci :

```
|-- testplugin
    |-- __init__.py
    |-- icon.png
    |-- metadata.txt
    |-- resources.qrc
    |-- resources_rc.py
    |-- testplugin.py
    |-- testplugindialog.py
    |-- ui_testplugin.py
    |-- ui_testplugin.ui
```

testplugin
   Répertoire du plugin.
__init__.py
   Ce script contient une méthode (classFactory) qui initialise la

classe du plugin et fait reconnaître ce dernier par QGIS.

icon.png

L'icône à utiliser pour le plugin lorsqu'il est affiché sur une barre d'outils QGIS. L'icône doit être de 24x24 pixels au format PNG.

metadata.txt

Le fichier de métadonnées contenant des informations sur le plugin, notamment son nom, sa description, sa version, son icône et la version minimale de QGIS. Ce fichier est nécessaire pour que QGIS reconnaisse le plugin.

resources.qrc

Décrit les ressources (par exemple `icon.png`), utilisées par le plugin et ses fenêtres d'interface graphique.

_resources_rc.py_

Le fichier Python généré à partir de `resources.py` par le compilateur de ressources PyQt, `pyrcc5`

testplugin.py

L'implémentation principale de votre plugin qui gère le chargement, le déchargement, et l'exécution des fonctions du plugin.

testplugindialog.py

Le dialogue principal de l'interface graphique du plugin.

_ui_testplugin.py_

Le fichier Python généré à partir de `ui_testplugin.ui` par le compilateur d'interfaces PyQt, `pyuic5`.

Tous les plugins ne disposent pas d'une interface graphique.

_ui_testplugin.ui_

Le fichier d'interface GUI créé par Qt Designer.

Nous examinerons les détails de ces composantes de plugin, ainsi que d'autres dans les paragraphes suivants.

Une fois que vous avez un plugin qui fonctionne localement, vous pouvez l'empaqueter de plusieurs façons. Les étapes pour le faire manuellement sont les suivantes :

1. Créez un répertoire de distribution. Le nom que vous choisissez sera le nom du répertoire sous lequel le plugin sera déployé dans QGIS.

2. Copiez uniquement les fichiers nécessaires à votre plugin dans le répertoire de distribution. Si vous utilisez un système de contrôle de version (SCV) pendant le développement, vous devriez faire une exportation pour éviter de distribuer les fichiers associés à votre SCV.

3. Empaquetez le plugin en créant une archive zip de celui-ci, incluant le répertoire

Voici un exemple de création d'un plugin empaqueté à partir de la ligne de commande pour un plugin imaginaire nommé super_duper_map :

```
gsherman@ophir:~/development$ ls
super_duper_map
gsherman@ophir:~/development$ mkdir dist
gsherman@ophir:~/development$ cp -r super_duper_map dist
gsherman@ophir:~/development$ cd dist
gsherman@ophir:~/development/dist$ zip -9v super_duper_map.zip super_duper_map/*
  adding: super_duper_map/COPYING (in=18701) (out=7082) (deflated 62%)
  adding: super_duper_map/icon.png       (in=1278) (out=1278) (stored 0%)
  adding: super_duper_map/__init__.py    (in=1460) (out=508) (deflated 65%)
  adding: super_duper_map/resources.py   (in=6402) (out=2556) (deflated 60%)
  adding: super_duper_map/resources.qrc  (in=107) (out=87) (deflated 19%)
  adding: super_duper_map/ui_supermap.py     (in=5049) (out=1328) (deflated 74%)
  adding: super_duper_map/supermapdialog.py  (in=1419) (out=497) (deflated 65%)
  adding: super_duper_map/supermapdialog.pyc (in=2953) (out=1233) (deflated 58%)
  adding: super_duper_map/supermapdialog.ui  (in=4584) (out=1138) (deflated 75%)
  adding: super_duper_map/supermap.py (in=3550) (out=1282) (deflated 64%)
total bytes=45503, compressed=16989 -> 63% savings
gsherman@ophir:~/development/dist$ ls
super_duper_map  super_duper_map.zip
```

Cela fonctionne sous Linux et OS X—adaptez les commandes en conséquence si vous utilisez Windows.

Le fichier zip est maintenant prêt à être téléchargé dans le dépôt QGIS, mais vous devriez probablement le tester en le décompressant à l'emplacement de vos plugins QGIS pour vous assurer qu'il se charge et se décharge correctement.

Si vous n'êtes pas à l'aise avec la ligne de commande, vous pouvez utiliser l'outil de votre choix pour créer le fichier zip y compris les gestionnaires de zip les plus populaires sous Windows. L'important est d'utiliser zip pour empaqueter le fichier et de s'assurer d'inclure le répertoire dans l'archive.

Nous verrons plus tard comment utiliser pb_tool pour empaqueter votre plugin

11.2 *Ce qui se passe lorsque vous chargez un plugin*

Cette section décrit ce qui se passe lorsque vous chargez un plugin Python dans QGIS. Comprendre les bases du processus vous aidera à éditer vos propres plugins et applications basés sur l'API QGIS.

Lorsque QGIS démarre, il examine le contenu de votre répertoire de plugins pour créer une liste de tous les plugins valides. Chaque plugin que vous avez préalablement activé est ensuite lancé en appelant la méthode `classFactory` dans le fichier `__init__.py`. Si le plugin démarre avec succès, la méthode *initGui* est appelée pour ajouter des entrées au menu et aux barres d'outils. Le plugin est ensuite ajouté à la liste des plugins actifs.

Tout échec au cours du processus de démarrage entraînera une 'exception' et un message d'erreur sera affiché dans QGIS. Ces erreurs peuvent être utiles lors du développement d'un plugin car elles indiquent le nom du fichier et le numéro de ligne de l'erreur.

11.3 *Développement d'un plugin simple*

Supposons que nous ayons besoin d'un plugin qui nous indique où nous nous trouvons sur la carte en affichant les coordonnées de l'endroit où nous avons cliqué. Nos objectifs sont simples :

A. Cliquer sur la carte avec la souris
B. Afficher une boîte de dialogue avec les coordonnées X et Y du clic

Oui, nous pouvons déjà voir les coordonnées de la souris dans la barre d'état de QGIS. Nous pouvons même accéder à la boîte où elles sont affichées et les copier, mais ce n'est pas notre but—nous voulons implémenter cela sous la forme d'un plugin qui constituera la base d'une fonctionnalité plus avancée plus tard. Nous allons commencer par le 'Plugin Builder'.

Créer un modèle avec Plugin Builder

Autrefois (autour de la version 0.9 de QGIS), nous devions créer à la main tous les éléments de base d'un plugin Python. C'était fastidieux et, fondamentalement, c'était la même démarche pour chaque plugin. Heureusement, ce n'est plus le cas—nous pouvons générer un squelette de plugin à l'aide du Plugin Builder.

Plugin Builder est lui-même un plugin Python qui prend en compte vos données et crée tous les fichiers nécessaires à un nouveau plugin. C'est ensuite à vous de personnaliser les choses et d'ajouter le code qui fait le vrai boulot. Si vous avez fait les exercices dans Chapitre 5, L'écosystème QGIS/Python, page 55, vous avez déjà installé Plugin Builder. Si ce n'est pas le cas, installez-le maintenant en utilisant le *Gestionnaire des extensions* en cliquant sur le menu `Extensions->Installer/Gérer les extensions`.

Générons la structure de notre plugin `Where Am I ?` en cliquant sur l'outil ou l'élément du menu `Plugin Builder`. `Plugin Builder` propose un certain nombre de formulaires pour recueillir les informations nécessaires.

La figure 11.1 montre le premier formulaire où nous définissons le nom de la classe, le nom du module, la description, et la version, ainsi que quelques autres informations. Tous les champs sont obligatoires.

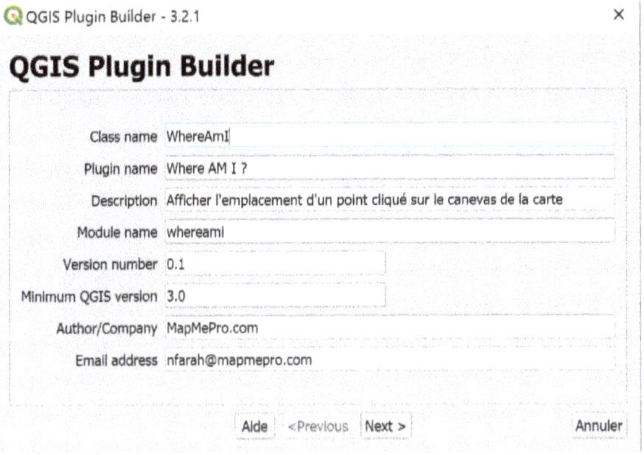

FIGURE 11.1: Générer un plugin avec Plugin Builder

Lorsque nous cliquons sur *Next* (Suivant), le formulaire *About* (A propos) s'affiche. Ici, vous pouvez entrer une description du plugin et de ce qu'il fait. Là encore, il s'agit d'une entrée requise (Figure 11.2, page suivante).

FIGURE 11.2: La page À propos

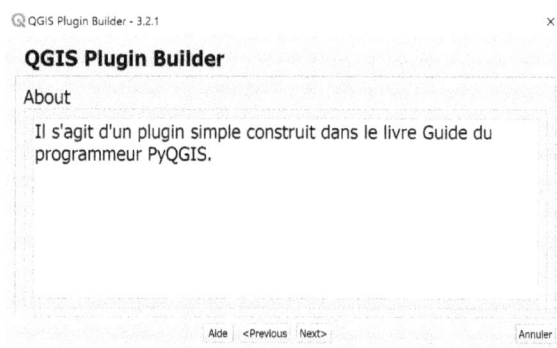

Dans le formulaire suivant nous choisissons le modèle à utiliser, ainsi que le texte du menu et l'emplacement de l'élément de menu pour notre plugin (Figure 11.3, page suivante). Les modèles disponibles sont les suivants :

— Bouton d'outil avec dialogue
— Bouton d'outil avec widgets de dock
— Prestataire de services de traitement

Nous sommes intéressés par le premier modèle qui génère un plugin simple avec une boîte de dialogue. Nous pouvons choisir de placer notre menu sous les menus de premier niveau suivants :

— Extensions (Plugins)
— Base de données (Database)
— Raster (Raster)
— Vecteur (Vector)
— Internet (Web)

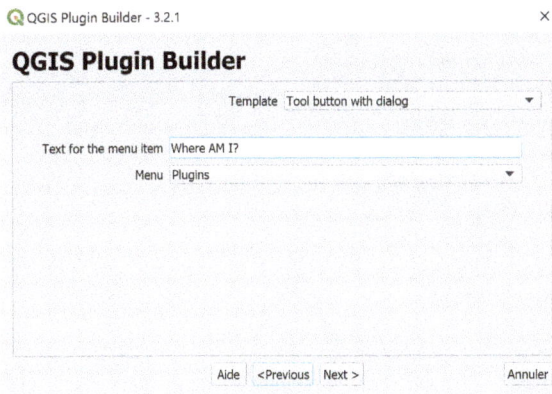

FIGURE 11.3: La page Modèles

Ensuite, nous avons un formulaire où nous pouvons choisir ce que nous voulons inclure dans notre plugin (Figure 11.4, page suivante) :

— Internationalisation (support pour les traductions)
— Aide (support pour la création de fichiers d'aide en utilisant Sphinx)
— Tests unitaires
— Scripts d'aide (scripts d'aide au développement)
— Makefile (GNU Makefile pour construire et empaqueter votre plugin)
— pb_tool (un outil en ligne de commande Python pour construire, déployer et empaqueter votre plugin)

Le formulaire suivant (Figure 11.5, page suivante) est celui où vous spécifiez des informations importantes pour les utilisateurs de votre plugin, notamment :

FIGURE 11.4: Options du plugin

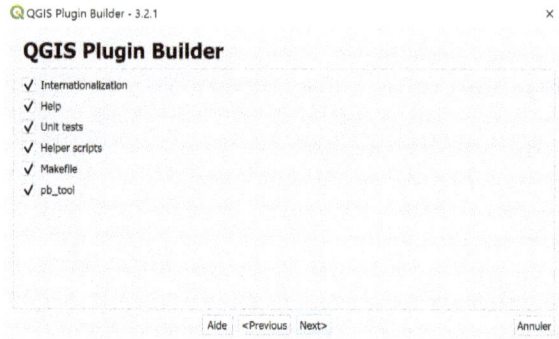

— Traqueur de bogues
— Dépôt de codes
— Page d'accueil

Les deux premières informations sont obligatoires. En général, l'hôte de votre dépôt de code (par exemple, GitHub, Bitbucket, GitLab) fournit également un système de suivi des bogues ou des problèmes.

Vous pouvez également fournir des balises pour votre plugin. Celles-ci sont utilisées pour le classer dans le Dépôt de plugins QGIS. Vous pouvez saisir les balises librement ou les choisir à partir d'une liste.

FIGURE 11.5: Ressources du plugin

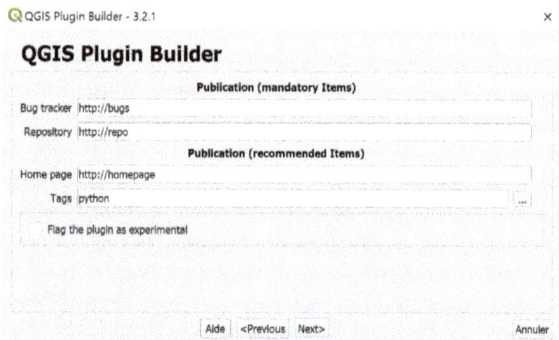

Ensuite, nous choisissons où nous voulons que les fichiers du plugin soient enregistrés. Il s'agit d'un répertoire de premier niveau—nos fichiers seront créés sous celui-ci en utilisant le nom du module comme nom du sous-répertoire (Figure 11.6).

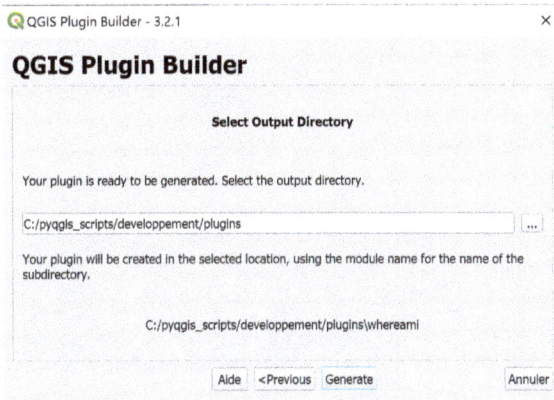

FIGURE 11.6: Répertoire de sortie du plugin

Voilà, c'est tout. Lorsque nous cliquons sur *Generate,* les fichiers du modèle sont générés et enregistrés à l'emplacement que vous avez choisi. Les résultats pour le plugin sont présentés dans la figure 11.7, page suivante.

La boîte de dialogue des résultats contient des informations utiles, notamment :

— Où le plugin généré a été sauvegardé
— L'emplacement du répertoire de votre plugin QGIS
— Instructions sur la façon d'installer le plugin
— Instructions sur la façon de compiler les fichiers de ressources et d'interface utilisateur
— Comment personnaliser le plugin pour qu'il fasse quelque chose d'utile

En plus des fichiers que nous avons examinés dans Section 11.1, Architecture des plugins Python, page 165, plusieurs fichiers supplémentaires ont été créés pour nous :

Makefile
C'est un makefile GNU qui peut être utilisé pour compiler le fichier ressource `resources.qrc` et le fichier d'interface utilisateur (`.ui`). Cela nécessite gmake et fonctionne à la fois sur Linux

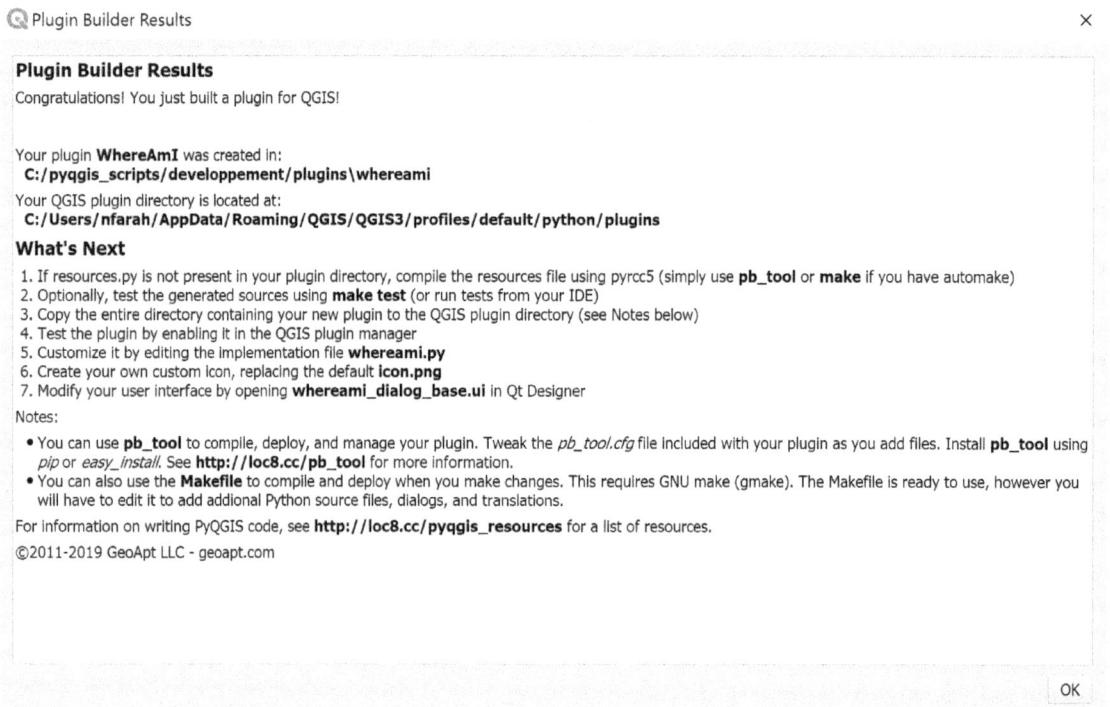

Plugin Builder Results

Congratulations! You just built a plugin for QGIS!

Your plugin **WhereAmI** was created in:
C:/pyqgis_scripts/developpement/plugins\whereami

Your QGIS plugin directory is located at:
C:/Users/nfarah/AppData/Roaming/QGIS/QGIS3/profiles/default/python/plugins

What's Next

1. If resources.py is not present in your plugin directory, compile the resources file using pyrcc5 (simply use **pb_tool** or **make** if you have automake)
2. Optionally, test the generated sources using **make test** (or run tests from your IDE)
3. Copy the entire directory containing your new plugin to the QGIS plugin directory (see Notes below)
4. Test the plugin by enabling it in the QGIS plugin manager
5. Customize it by editing the implementation file **whereami.py**
6. Create your own custom icon, replacing the default **icon.png**
7. Modify your user interface by opening **whereami_dialog_base.ui** in Qt Designer

Notes:

- You can use **pb_tool** to compile, deploy, and manage your plugin. Tweak the *pb_tool.cfg* file included with your plugin as you add files. Install **pb_tool** using *pip* or *easy_install*. See **http://loc8.cc/pb_tool** for more information.
- You can also use the **Makefile** to compile and deploy when you make changes. This requires GNU make (gmake). The Makefile is ready to use, however you will have to edit it to add addional Python source files, dialogs, and translations.

For information on writing PyQGIS code, see **http://loc8.cc/pyqgis_resources** for a list of resources.

©2011-2019 GeoApt LLC - geoapt.com

OK

FIGURE 11.7: Résultats de Plugin Builder

et Mac OS X et devrait également fonctionner avec le *shell* OS-Geo4W sous Windows.

help

Ce répertoire contient les fichiers nécessaires pour créer la documentation de votre plugin en utilisant Sphinx.

i18n

Répertoire vide à utiliser pour créer les traductions de votre plugin.

plugin_upload.py

Un script Python pour téléverser le plugin dans le dépôt de plugins QGIS. Vous pouvez également utiliser l'interface web à l'adresse `https://plugins.qgis.org`

README.html *et* **README.txt**

Les fichiers README contiennent des informations concernant le plugin généré et les prochaines étapes à suivre pour le personnaliser.

Vous remarquerez que la dénomination d'un certain nombre de fichiers est basée sur le nom du module que vous avez choisi pour votre plugin, dans ce cas `whereami`.

Essayer le plugin

Notre plugin généré est presque entièrement fonctionnel. La seule chose que nous devons faire est de compiler le fichier de ressources, puis de placer `whereami` dans notre répertoire de plugins :

1. Placez-vous dans le répertoire où vous avez enregistré le plugin
2. Compiler le fichier de ressources

    pyrcc5 -o resources_rc.py resources.qrc

3. Copier le répertoire complet du plugin `whereami` dans votre répertoire de plugins QGIS. A titre de rappel, l'emplacement est indiqué dans les deux fichiers README.

Maintenant, démarrez QGIS et ouvrez le Gestionnaire des extensions—vous devriez voir *Where Am I* dans la liste des plugins installés. Cliquez sur la case à cocher à côté pour l'activer puis cli-

Sphinx est un générateur de documentation Python disponible à l'adresse suivante https ://sphinx-doc.org

Auparavant, vous deviez compiler le fichier UI. Maintenant, il est chargé directement depuis notre classe de dialogue `whereami_dialog.py`.

Nous aborderons plus tard les meilleures façons de déployer votre plugin.

Si vous ne voyez pas l'icône du plugin, vérifiez que sa barre d'outils est activée dans *Vue->Barres d'outils*.

quez sur OK. Vous devriez maintenant trouver une nouvelle icône dans la barre d'outils *WhereAmI*, ainsi qu'une entrée de menu dans `Extensions->Where Am I?`.

Un clic sur l'outil ou l'élément de menu fait apparaître le plugin, comme le montre la figure 11.8.

FIGURE 11.8: Exécution de notre nouveau plugin

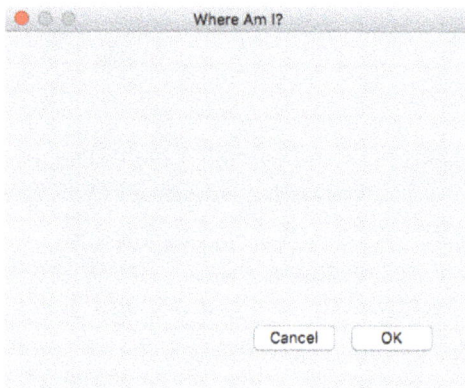

Il n'y a pas grand-chose à voir pour l'instant, mais il est fonctionnel sur les aspects suivants :

— Il se charge, ajoutant des éléments de menu et de barre d'outils
— Son exécution fait apparaître une fenêtre de dialogue comportant deux boutons
— Cliquer sur OK émet le signal `accept()` et ferme la fenêtre.
— Cliquer sur Annuler émet le signal `reject()` et ferme la fenêtre.

Nous aborderons plus tard les signaux `accept()` et `reject()`.

Maintenant que nous avons un modèle fonctionnel, nous pouvons le personnaliser pour en faire quelque chose d'utile. Tout d'abord, nous allons voir comment vous pouvez personnaliser l'icône utilisée pour le plugin plutôt que d'utiliser l'icône par défaut générée par *Plugin Builder*.

Nous devons également modifier l'interface graphique afin d'ajouter une case unique où nous indiquerons les coordonnées du clic sur la carte.

11.4   Personnaliser l'icône

L'icône est simplement une image PNG qui sera utilisée dans la barre d'outils lorsque nous activerons notre plugin. La seule exigence réelle est qu'elle soit de 24 par 24 pixels afin qu'elle s'adapte bien à la barre d'outils. Vous pouvez également utiliser d'autres formats (XPM par exemple), mais le format PNG est pratique et il existe un grand nombre d'icônes dans ce format.

Par défaut, l'icône créée par *Plugin Builder* ressemble à ceci :

C'est bien pour commencer, mais vous ne voulez vraiment pas que votre plugin utilise la même icône que des dizaines d'autres. Vous avez deux options pour changer l'icône :

— Créer une nouvelle icône à l'aide d'un programme graphique
— Télécharger une icône existante

Bien sûr, il n'est pas nécessaire de changer l'icône pendant le développement—celle créé par défaut par Plugin Builder fonctionne bien. Pour notre exemple, voici une icône simple en forme de "point d'interrogation" que j'ai créée avec Gimp[24] : **?**   24. https://gimp.org

Maintenant, tout ce que nous devons faire est de modifier le fichier des ressources pour utiliser notre nouvelle icône.

Modifier le fichier de ressources

Tout d'abord, regardons ce que contient le fichier de ressources (resources.qrc) que *Plugin Builder* a créé pour nous :

```
<RCC>
    <qresource prefix="/plugins/whereami" >
        <file>icon.png</file>
    </qresource>
</RCC>
```

Ce fichier de ressources utilise un préfixe pour éviter les conflits de noms avec d'autres plugins. Il est bon de s'assurer que votre préfixe sera unique—généralement le nom de votre plugin est suffisant. (*Plugin Builder* a créé le préfixe pour vous sur la base du nom du plugin). Pour ajouter notre icône personnalisée, nous devons remplacer le nom du fichier généré (`icon.png`) par notre icône personnalisée, que j'ai nommé `whereami.png` :

```
<RCC>
    <qresource prefix="/plugins/whereami" >
        <file>whereami.png</file>
    </qresource>
</RCC>
```

Puisque nous utilisons un nouveau nom de fichier pour notre icône, nous devons faire quelques changements dans notre code, spécifiquement dans `metadata.txt` et `whereami.py`.

Dans `metadata.txt` nous trouvons la ligne `icon=icon.png` que nous changeons pour correspondre à notre nouveau nom d'icône

```
icon=whereami.png
```

Dans `whereami.py`, l'icône est chargée depuis le fichier graphique spécifié à la *ligne 4* :

```
1    def initGui(self):
2        """Creez les entrees de menu et les icones de la barre d'outils
3        dans l'interface graphique de QGIS."""
4
5        icon_path = ':/plugins/whereami/icon.png'
6        self.add_action(
7            icon_path,
8            text=self.tr(u'Where Am I?'),
9            callback=self.run,
10           parent=self.iface.mainWindow())
11           ...
```

Nous avons changé *ligne 4* de

```
icon_path = ':/plugins/whereami/icon.png'
```

pour

```
icon_path = ':/plugins/whereami/whereami.png'
```

ce qui permet au plugin de charger notre nouvelle icône.

Une fois les modifications terminées et le fichier de ressources sauvegardé, nous devons le compiler afin qu'il soit utilisé par notre nouveau plugin :

```
pyrcc5 -o resources.py resources.qrc
```

Le paramètre -o est utilisé pour définir le fichier de sortie. Si vous ne l'incluez pas, la sortie de pyrcc5 sera écrite dans le terminal, ce qui n'est pas vraiment ce que nous recherchons ici. Maintenant que nous avons compilé les ressources, nous devons construire l'interface graphique pour afficher les coordonnées de la carte lorsque nous cliquons sur un point.

🖊 Si vous choisissez d'utiliser l'icône par défaut créée par Plugin Builder, vous n'avez pas à modifier le fichier de ressources, mais vous devez le compiler.

11.5   Personnalisation de l'interface graphique

En observant la figure 11.8, page 176, nous constatons que la boîte de dialogue créée par *Plugin Builder* est beaucoup trop grande et n'offre aucun moyen d'afficher les résultats d'un clic sur la carte. Pour la réduire et lui faire faire quelque chose d'utile, nous devons modifier le fichier d'interface utilisateur (.ui) et le fichier d'implémentation (whereami.py).

Pour améliorer notre interface graphique, nous allons utiliser le même outil que les développeurs de QGIS C++ : Qt Designer[25]. Il s'agit d'un outil de conception visuelle qui vous permet de créer des boîtes de dialogue et des fenêtres principales en faisant glisser des widgets et en définissant leurs propriétés. Qt Designer est normalement installé en même temps que Qt, il devrait donc être déjà disponible sur votre machine[26].

Voyons ce qu'il faut faire pour peaufiner notre interface graphique de *Where Am I*. Il s'agit ici d'une brève introduction—nous ne nous étendrons pas sur toutes les subtilités de Designer. Si vous voulez en savoir plus, consultez l'excellente documentation de Designer sur le site Web de Qt et dans votre répertoire de documentation Qt.

Notre interface graphique est assez simple ; elle nécessite les composantes suivantes :

25. Designer fait maintenant partie de Qt Creator (Voir https://loc8.cc/ppg/qtcreator)

26. Sur certaines distributions Linux, vous devrez peut-être installer des paquets supplémentaires à l'aide de votre gestionnaire de paquets.

— Une étiquette décrivant les résultats
— Une zone de texte contenant les coordonnées X et Y du point où nous avons cliqué
— Un bouton pour fermer la boîte de dialogue

Pour commencer, nous ouvrons notre boîte de dialogue générée dans Qt Creator en utilisant le menu *File* et en sélectionnant `whereami_dialog_base.ui`.

Dans la figure 11.9, vous pouvez voir la boîte de dialogue telle que générée par *Plugin Builder* dans Designer, ainsi que la palette de widgets et l'éditeur de propriétés.

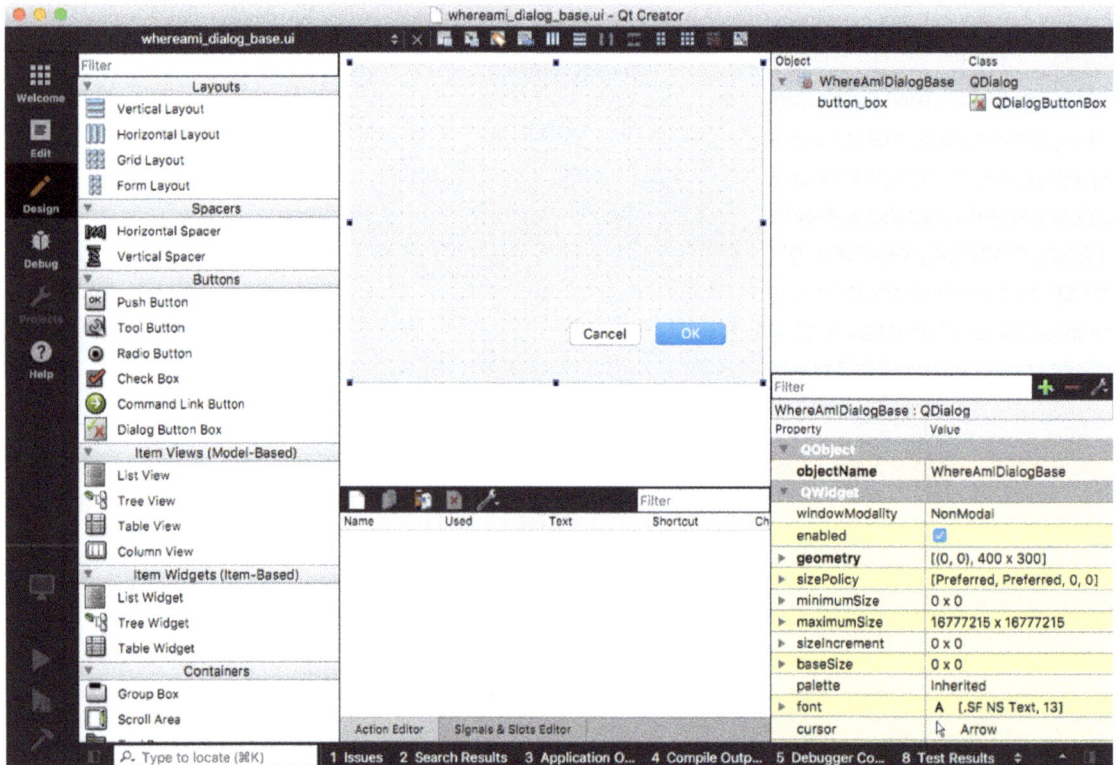

FIGURE 11.9: L'interface graphique du plugin WhereAmI dans Qt Designer

Voici les étapes à suivre pour modifier l'interface graphique :

1. Supprimez le groupe de boutons Close/OK en cliquant dessus et

en appuyant sur "delete"

2. Faites glisser et déposez un widget "Label" (voir "Display Widgets" dans "Widget Box") dans la boîte de dialogue

3. Changez l'étiquette pour écrire : "Coordonnées du clic sur la carte :"

4. Faites glisser et déposez un "Line Edit" (voir "Input Widgets") sous l'étiquette et redimensionnez-le pour qu'il soit proche de la largeur de la boîte de dialogue

5. Faites glisser et déposez un "Push Button widget" (voir "Buttons") sur la boîte de dialogue juste en dessous du widget Edition de ligne (Line Edit)

6. Double-cliquez sur le bouton nouvellement ajouté et renommez-le "Fermer"

7. Redimensionner la boîte de dialogue pour éliminer l'espace inutilisé

Notre boîte de dialogue est complète à une exception près—le bouton Fermer n'est pas connecté pour faire quoi que ce soit lorsqu'il est cliqué. Par défaut, le groupe de boutons Fermer/OK est connecté pour gérer l'acceptation (OK) et le rejet (Fermer) du dialogue. Nous aurions pu utiliser le groupe de boutons en supprimant uniquement le bouton OK, mais pour illustrer la connexion d'un bouton à une méthode, nous allons le faire manuellement.

Pour faire fonctionner notre nouveau bouton de fermeture, nous utilisons l'éditeur Signal/Slot du Designer :

1. Cliquez sur `Edit->Edit Signals/Slots` dans le menu

2. Cliquez sur le bouton Fermer et maintenez-le enfoncé, puis faites glisser le curseur de la souris sur l'espace vide de la boîte de dialogue et relâchez la souris pour faire apparaître la boîte de configuration de la connexion

3. Dans le panneau de gauche, cliquez sur pressed()

4. Dans le panneau de droite, cliquez sur reject()

5. Cliquez sur OK pour établir la connexion

6. Sauvegardez les changements en utilisant `File->Save` dans le menu.

La figure 11.10 montre la connexion entre le signal `pressed` du bouton et le slot `reject` de la fenêtre. Cela signifie que, lorsque le bouton est pressé, la boîte de dialogue reçoit le signal et le dirige vers le slot de rejet (qui n'est en fait qu'une méthode), et ferme la boîte de dialogue.

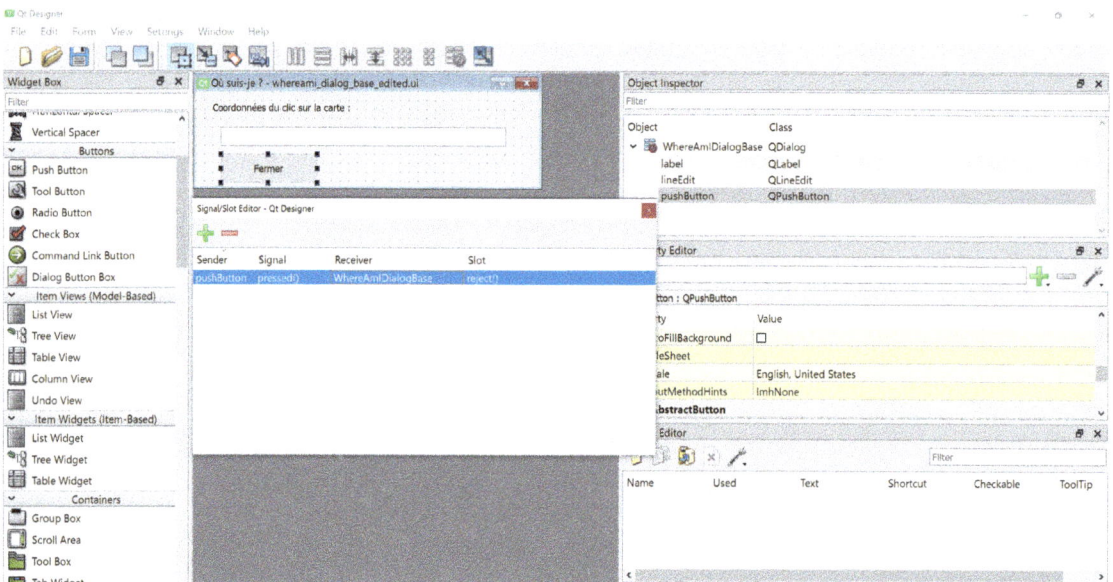

FIGURE 11.10: Connexion du bouton Fermer pour fermer la boîte de dialogue lorsqu'on appuie dessus.

Il n'est pas nécessaire de connaître en détail le fonctionnement du mécanisme de signal/slot dans Qt pour créer des boîtes de dialogue simples comme celle du plugin WhereAmI. Au fur et à mesure que vous développerez des plugins ou des applications PyQGIS plus sophistiqués, vous voudrez, peut-être, approfondir un peu plus vos connaissances sur le sujet. Nous établirons des connexions manuellement lorsque nous ajouterons du code au plugin WhereAmI.

Notre interface graphique est maintenant prête à être utilisée. Nous avons réduit la taille du dialogue et avons un bouton *Close* qui fonctionne. Tout ce qu'il nous reste à écrire maintenant est le code Python pour interagir avec le canevas de la carte QGIS pour obtenir les coordonnées lors du clic sur le canevas de carte.

11.6   Éditer le code du plugin

Maintenant que notre interface graphique et nos ressources sont prêtes, il est temps d'éditer du code pour que le plugin fasse quelque chose d'utile, à savoir, nous dire où nous sommes lorsque nous cliquons sur le canevas de la carte.

Tout d'abord, examinons le code généré pour nous par *Plugin Builder*, en commençant par les imports et la méthode __init__ dans le fichier source Python principal, whereami.py :

Listing 11.1 – whereami.py : Les imports et la méthode Init

```
1  from PyQt5.QtCore import QSettings, QTranslator, qVersion, QCoreApplication
2  from PyQt5.QtGui import QIcon
3  from PyQt5.QtWidgets import QAction
4
5  # Initialiser les ressources Qt a partir du fichier resources.py
6  from .resources import *
7  # Importer le code pour le dialogue
8  from .whereami_dialog import WhereAmIDialog
9  import os.path
10
11
12  class WhereAmI:
13      """QGIS Plugin Implementation."""
14
15      def __init__(self, iface):
16          """Constructor.
17
18          :param iface: An interface instance that will be passed to this class
19              which provides the hook by which you can manipulate the QGIS
20              application at run time.
21          :type iface: QgsInterface
22          """
23          # Enregistrer la reference a l'interface QGIS
24          self.iface = iface
25          # Initialiser le repertoire des plugins
26          self.plugin_dir = os.path.dirname(__file__)
```

Aux *lignes 1-3*, nous importons les modules PyQt5 nécessaires. La *ligne 6* importe notre fichier de ressources et *ligne 8* importe le code nécessaire au chargement et à l'initialisation de notre interface graphique. Tout ce code est généré par *Plugin Builder*. Si vous avez besoin de modules Python supplémentaires pour votre plugin, vous les ajouterez dans cette section de code—pour WhereAmI, nous n'avons besoin de rien d'autre.

La *ligne 12* définit la classe WhereAmI, la méthode __init__ est ensuite définie en premier. Elle prend en charge la gestion de certains éléments internes aux *lignes 15 à 26*. Encore une fois, nous n'avons pas besoin de changer quoi que ce soit dans ces lignes de code. Nous devons cependant ajouter un peu de code supplémentaire pour que notre plugin fonctionne avec le canevas de carte.

Puisque WhereAmI dépend d'un clic sur le canevas de la carte pour effectuer son travail, nous devons le configurer comme un *outil de carte*. Cela signifie que lorsque notre icône sur la barre d'outils est cliquée, WhereAmI devient l'outil cartographique actif dans QGIS et est responsable de la gestion de tous les clics sur le canevas. Il reste actif jusqu'à ce qu'un autre outil cartographique (tel qu'un outil de zoom) soit sélectionné.

La première étape consiste à créer l'outil cartographique en utilisant la classe QgsMapToolEmitPoint de l'API QGIS. Cette classe implémente un outil cartographique qui, lorsqu'on clique dessus, émet un point contenant les coordonnées de la carte. Pour créer l'outil et l'enregistrer comme un attribut de la classe WhereAmI, nous devons l'importer en ajoutant une nouvelle déclaration à nos imports :

```
from qgis.gui import QgsMapToolEmitPoint
```

Nous devons également ajouter quelques lignes de code à la méthode *_init_* :

```
# Sauvegarder la reference au canevas de la carte
self.canvas = self.iface.mapCanvas()

# Creer l'outil carte en utilisant la reference du canevas
self.pointTool = QgsMapToolEmitPoint(self.canvas)
```

Avec ces changements, la première section de notre code ressemble maintenant à ceci, avec ajouts à la *ligne 4* et aux *lignes 29-33* :

Listing 11.2 – whereami.py : Créer un outil cartographique

```
1   from PyQt5.QtCore import QSettings, QTranslator, qVersion, QCoreApplication
2   from PyQt5.QtGui import QIcon
3   from PyQt5.QtWidgets import QAction
4   from qgis.gui import QgsMapToolEmitPoint
5
6   # Initialiser les ressources Qt a partir du fichier resources.py
7   from .resources import *
8   # Importer le code pour le dialogue
9   from .whereami_dialog import WhereAmIDialog
10  import os.path
11
12
13  class WhereAmI:
14      """QGIS Plugin Implementation."""
15
16      def __init__(self, iface):
17          """Constructor.
18
19          :param iface: An interface instance that will be passed to this class
20              which provides the hook by which you can manipulate the QGIS
21              application at run time.
22          :type iface: QgsInterface
23          """
24          # Enregistrer la reference a l'interface QGIS
25          self.iface = iface
26          # Initialiser le repertoire des plugins
27          self.plugin_dir = os.path.dirname(__file__)
28
29          # Conserver la reference au canevas de la carte
30          self.canvas = self.iface.mapCanvas()
31
32          # Creer l'outil carte en utilisant la reference du canevas
33          self.point_tool = QgsMapToolEmitPoint(self.canvas)
```

A la *ligne 30*, nous sauvegardons une référence du canevas de la carte. Nous pourrions simplement appeler `self.iface.mapCanvas()` à chaque fois que nous en avons besoin, mais cela permet d'éviter d'exécuter du code inutilement.[27]

A la *ligne 33*, nous créons l'outil de carte et définissons `self.canvas` comme parent.

Ensuite, dans la méthode `initGui`, nous devons connecter un clic sur le canevas de la carte en utilisant notre outil de pointage à la méthode qui traitera l'information (ceci peut être ajouté n'importe où dans `initGui`).

27. La nonchalance est l'une des trois vertus du programmeur, les deux autres étant l'impatience et l'orgueil (*Programming Perl*, deuxième édition de Larry Wall, Tom Christiansen et Randal L. Schwartz, 1996).

Pour connecter notre outil, nous utilisons la méthode connect qui est disponible pour n'importe quel objet qui émet un signal

```
# connecter le signal que le canevas a ete clique
self.point_tool.canvasClicked.connect(self.display_point)
```

Maintenant, lorsque l'outil WhereAmI est sélectionné et qu'un clic survient sur le canevas de carte, le système va capturer le clic et les coordonnées (sous la forme d'un objet QgsPointXY) et transmettre ces données à notre méthode display_point, qui n'a pas encore été écrite.

Nous devons également modifier la méthode run pour définir notre outil comme l'outil de cartographie actif. Le code généré par Plugin Builder crée une méthode run qui affiche notre boîte de dialogue. Nous ne voulons pas faire apparaître notre boîte de dialogue de résultat avant que l'outil ne soit réellement utilisé.

Listing 11.3 – whereami.py : La méthode run modifiée

```
1    def run(self):
2        """Run method that performs all the real work"""
3        # Definir notre point_tool comme etant l'outil cartographique actuel
4        self.canvas.setMapTool(self.point_tool)
```

Nous avons supprimé le code de dialogue et ajouté la *ligne 4* qui définit notre outil comme l'outil de carte actif.

Nous reprendrons tout cela sous peu, mais examinons d'abord la méthode display_point :

Listing 11.4 – whereami.py : La méthode display_point

```
1    def display_point(self, point, button):
2        # Rapporter les coordonnees de la carte a partir d'un clic sur le cane
3        self.dlg.hide()
4        coords = "{}, {}".format(point.x(), point.y())
5        self.dlg.lineEdit.setText(coords)
6        self.dlg.show()
```

A la *ligne 1*, nous définissons la méthode display_point avec des arguments passés par le signal du canevas de la carte. Si nous recherchons le signal canvasClicked du QgsMapToolEmitPoint dans la documentation de l'API QGIS, nous trouvons cette définition :

```
void canvasClicked ( const QgsPointXY &  point,
                     Qt::MouseButton   button )
```

Cela nous indique que notre méthode display_point reçoit un objet QgsPointXY contenant les coordonnées du clic sur la carte, et une valeur de bouton indiquant quel bouton a été enfoncé. Le fait de savoir quel bouton de la souris a été enfoncé nous permet d'effectuer différentes actions en fonction de la façon dont vous cliquez sur la carte. Dans notre plugin simple, la façon dont le clic est généré ne nous intéresse pas—Nous souhaitons simplement afficher les coordonnées.

A la *ligne 3*, nous masquons la boîte de dialogue pour qu'elle apparaisse au-dessus de la fenêtre principale lorsque nous la réafficherons, sinon les clics suivants auraient pour conséquence que notre dialogue serait toujours invisible.

La ligne 4 crée une chaîne de caractères en utilisant la fonction de formatage. Les valeurs en X et Y de l'objet QgsPointXY sont récupérées en appelant les méthodes x() et y(). Il en résulte une chaîne de caractères formatée avec de nombreuses décimales :

```
-152.661636888, 65.6374837099
```

La ligne 5 définit la valeur de la zone d'édition de notre boîte de dialogue avec la valeur de notre chaîne de caractères formatée. Pour faire référence à n'importe quel élément de l'interface graphique, on préfixe son nom par self.dlg. Par exemple, pour faire référence à l'étiquette, nous utiliserons self.dlg.label. Si vous vous demandez comment nous savons qu'il s'agit de *label*, les noms de tous les éléments de la boîte de dialogue peuvent être visualisés dans Designer, comme le montre la figure 11.10, page 182.

La ligne 6 appelle la méthode show de la boîte de dialogue, la rendant visible.

11.7   Un dernier ajustement

Lorsque vous utilisez notre plugin, vous pouvez remarquer que la boîte de dialogue de résultat s'affiche toujours au même endroit, même si nous l'avons déplacée à un endroit plus convenable. Cela peut être ennuyeux, c'est pourquoi nous allons apporter une petite modification à notre code pour rétablir la position de la fenêtre à chaque fois qu'elle est affichée.

Lorsqu'un widget Qt est déplacé, il génère un événement : QMoveEvent. Nous pouvons surcharger cet événement dans le code de notre boîte de dialogue pour stocker l'emplacement de la boîte de dialogue et la faire apparaître à l'endroit voulu à chaque fois.

Cela implique des changements dans le code de notre dialogue (whereamidialog.py) et de notre plugin (whereami.py).

Examinons d'abord le code de dialogue nécessaire à la mise en œuvre de ce changement :

Listing 11.5 – whereamidialog.py

```
1   class WhereAmIDialog(QtWidgets.QDialog, FORM_CLASS):
2       def __init__(self, parent=None):
3           """Constructor."""
4           super(WhereAmIDialog, self).__init__(parent)
5           # Configurer l'interface utilisateur a partir du Designer.
6           # Apres le setupUI, vous pouvez acceder a n'importe quel objet
7           # du designer en faisant
8           # self.<objectname>, aet vous pouvez utiliser des slots d'auto-
9           # connexion - voir
10          # http://qt-project.org/doc/qt-4.8/designer-using-a-ui-file.html
11          # #widgets-and-dialogs-with-auto-connect
12          self.setupUi(self)
13
14          self.user_pos = None
```

Nous avons ajouté la *ligne 12* pour initialiser un attribut initialiser la position de boîte de dialogue, en lui donnant la valeur None, la façon Python d'exprimer "l'absence de valeur". En d'autres termes, nous n'avons pas encore donné de valeur à self.user_pos—c'est ce que nous faisons dans la méthode moveEvent aux *lignes 14 et 15*.

En définissant une méthode moveEvent dans notre dialogue, le système PyQt l'appellera à la place du gestionnaire par défaut. Nous recevons l'événement, qui est de type QMoveEvent[28], et définissons l'attribut user_pos pour stocker la position actuelle du dialogue en appelant la méthode pos de l'événement 'move'. Chaque fois que vous déplacez la boîte de dialogue, la position actuelle est mise à jour.

28. QMoveEvent : https://loc8.cc/ppg/qme

Maintenant, nous devons faire quelques changements dans la méthode display_point de notre fichier d'implémentation principal :

Listing 11.6 – whereami.py : La méthode display_point modifiée

```
1   def display_point(self, point, button):
2       # Rapporter les coordonnees de la carte a partir d'un clic sur le canevas
3       self.dlg.hide()
4       coords = "{}, {}".format(point.x(), point.y())
5       self.dlg.lineEdit.setText(coords)
6       if self.dlg.user_pos is not None:
7           # Obtenir le decalage de la geometrie du cadre
8           offset = self.dlg.geometry().y() - self.dlg.frameGeometry().y()
9           self.dlg.move(self.dlg.user_pos.x(), self.dlg.user_pos.y() - offset)
10      self.dlg.show()
```

A la *ligne 6*, nous vérifions si la position de l'utilisateur a été définie et, si tel est le cas, nous calculons comment positionner la boîte de dialogue la prochaine fois qu'elle sera affichée.

Voir les méthodes geometry et frameGeometry dans la documentation Qt pour QWidget.

Aux *lignes 7-9*, nous prenons en compte la hauteur de la barre de titre de la fenêtre de dialogue. Si nous ne le faisons pas, vous verrez la fenêtre de résultat "glisser" vers le bas de la carte à chaque fois que nous l'utilisons. L'ampleur de ce glissement est égale à la hauteur de la barre de titre.

Grâce à Qt, nous pouvons obtenir la différence entre l'emplacement de notre fenêtre et le cadre de la fenêtre (voir *ligne 8*). En utilisant cette différence, nous décalons la position de la fenêtre et la déplaçons en conséquence (*ligne 9*). Désormais, à chaque fois que nous utilisons l'outil, la boîte de dialogue des résultats s'affiche au même endroit.

Puisque nous n'avons pas écrit de code pour persister les paramètres, lorsque vous quittez QGIS, la position de la boîte de dialogue est perdue.

La figure 11.11 montre le résultat de l'utilisation du plugin WhereAmI. Notez que les résultats dans le plugin correspondent à ceux affichés dans la boîte de coordonnées de la barre d'état QGIS.

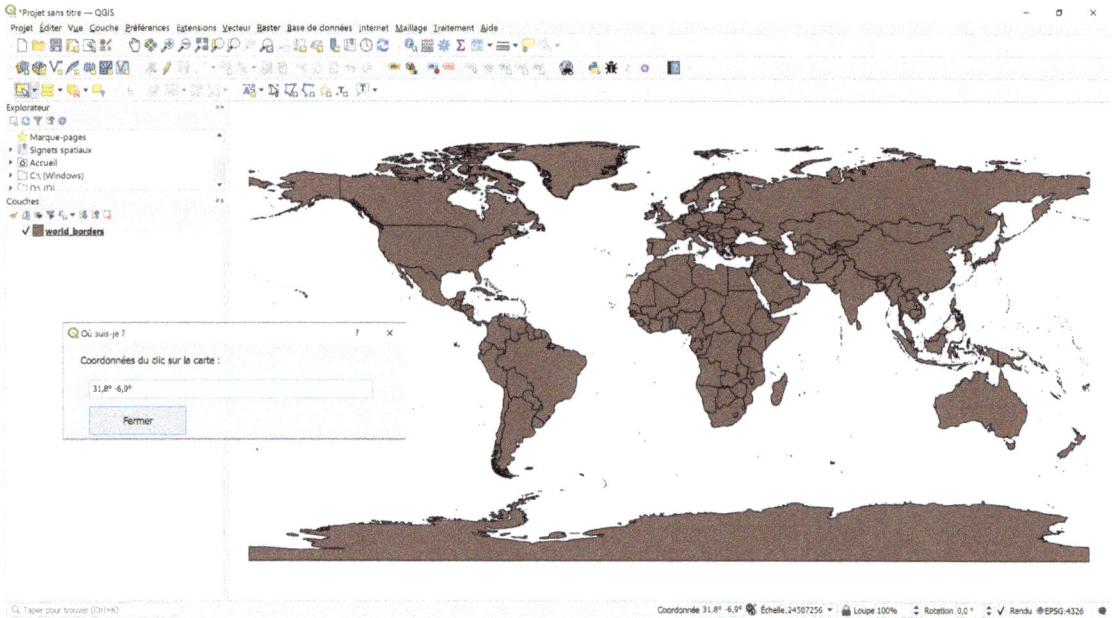

FIGURE 11.11: Le plugin WhereAmI en action

Les scripts complèts de `whereami.py` et `whereamidialog.py` peuvent être trouvés à Annexe A : Liste de code source, page 243. En outre, le plugin complet est disponible dans le paquet de données du livre disponible à l'adresse `https://locatepress.com/ppg3/data_code`.

11.8   Exercices

1. Formatez les résultats du plugin WhereAmI pour que seules trois décimales soient affichées.
2. Modifiez le plugin WhereAmI pour utiliser un widget Label afin d'afficher les coordonnées plutôt qu'un widget Line Edit.
3. Ajoutez un bouton à droite du widget d'étiquette ou Line Edit qui copie les résultats dans le presse-papiers lorsqu'il est cliqué (indice : voir la classe **QClipboard** dans la documentation Qt).
4. Ajoutez une mise en page à la boîte de dialogue du plugin pour

que, lorsqu'elle est redimensionnée, les widgets se redimensionnent de manière appropriée (indice : utilisez les outils de mise en page du Designer).

5. À l'aide de QSettings et de closeEvent du dialogue, sauvegardez la position du dialogue et restaurez-la à chaque fois que le plugin est chargé.

Création d'un processus de développement

Maintenant que nous avons développé un plugin simple, abordons un peu la manière d'établir un processus de développement plus professionel.

Le développement de logiciels est un cycle itératif :

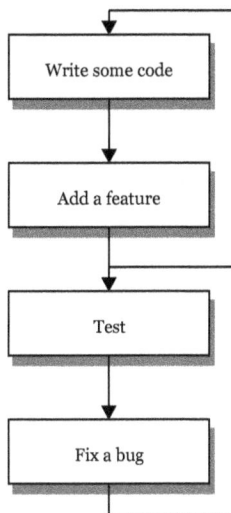

Lorsque nous créons un plugin, nous devons le déployer à un endroit où QGIS peut le trouver afin de le tester. Examinons les options de mise en place d'un processus de développement.

12.1 Choix d'une méthodologie de développement

Il existe un certain nombre d'options lorsqu'il s'agit de développer votre plugin :

1. Copiez ou déplacez les fichiers du plugin dans votre répertoire de plugins QGIS et développez à partir de là.

2. Travaillez dans un répertoire de code source (par exemple, celui créé par Plugin Builder) distinct du répertoire de votre plugin QGIS en utilisant la variable d'environnement QGIS_PLUGINPATH.

3. Configurer un dépôt local ou distant et y transmettre votre plugin pour l'installer ou le tester.

4. Utilisez `git` pour enregistrer vos changements puis le copier vers votre répertoire de plugin QGIS chaque fois que vous voulez tester.

5. Utiliser une stratégie de développement/déploiement pour gérer le développement

Développement à partir du répertoire de plugins de l'utilisateur QGIS

Cette méthode (première option ci-dessus) est très pratique tant que vous ne testez pas la fonction de désinstallation de votre plugin. Si vous le faites, le *Gestionnaire des extensions* vous avertira, mais il supprimera tout le répertoire de votre plugin si vous cliquez sur le bouton Oui, détruisant ainsi tout votre code source—pas vraiment ce que nous voulons. Dans l'ensemble, il s'agit d'une mauvaise option.

Utilisation de la variable d'environnement QGIS_PLUGINPATH

Avec cette méthode (option 2), vous travaillez avec votre code dans un répertoire séparé, mais utilisez la variable d'environnement `QGIS_PLUGINPATH` pour pointer vers votre répertoire de développement. Lorsqu'elle est présente, la variable `QGIS_PLUGINPATH` indique à QGIS de rechercher des répertoires supplémentaires pour les plugins.

Vous pouvez définir `QGIS_PLUGINPATH` à partir de *Options->Système->Environnement* dans QGIS (Figure 12.1).

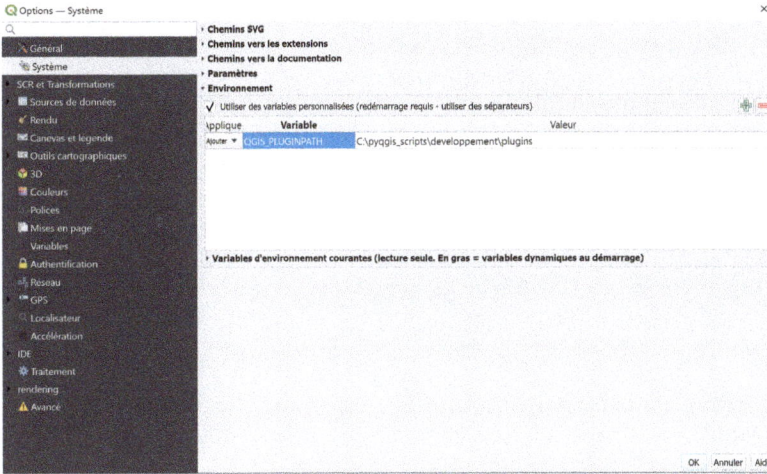

FIGURE   12.1:   Définition   de QGIS_PLUGINPATH

Cette méthode vous permet de développer dans le répertoire créé par Plugin Builder et de tester votre plugin sans avoir à le copier ou à l'extraire du dépôt du code. Il est toujours possible de désinstaller votre plugin (et de détruire votre code source) en utilisant le Gestionnaire des extensions si vous avez accidentellement cliqué sur "Désinstaller" puis le bouton *Oui* dans la boîte de dialogue de confirmation.

Utilisation de la méthode du dépôt

Cette méthode (option 3) peut être utile mais nécessite un peu de travail au départ. Vous configurez un dépôt de plugins puis vous y déployez votre plugin. Vous pouvez ensuite l'installer sur n'importe quelle machine pour le tester en utilisant le Gestionnaire des extensions. Personnellement, j'utilise cette méthode pour tester la compatibilité multiplateforme d'un plugin, généralement au cours des dernières étapes du développement.

Votre dépôt peut être soit local sur votre machine/réseau, soit distant sur un serveur web. Nous avons brièvement discuté de la façon de mettre en place un dépôt dans Section 9.17, Configuration d'un dépôt, page 144.

Utilisation de `git`

Les étapes de l'utilisation de `git` pour récupérer les modifications dans votre répertoire de plugin QGIS (option 4) sont les suivantes :

1. Créez votre plugin dans le répertoire source de votre choix (de préférence en utilisant Plugin Builder).

2. Se placer dans le répertoire et initialiser un dépôt `git`

   ```
   git init .
   ```

3. Ajoutez vos fichiers code source en utilisant `git add`

4. Développez votre plugin et soumettez les changements en utilisant `git commit`

5. Se placer dans le répertoire de votre plugin QGIS (voir Section 5.6, Spécificités des plugins Python, page 60)

6. Faites une copie de votre dépôt de code source qui contient le plugin. Par exemple, si votre code source se trouve dans /home/myname/myplugin

   ```
   git clone /home/myname/myplugin
   ```

7. Testez le plugin dans QGIS

8. Faites d'autres modifications dans le répertoire source et enregistrez, puis allez dans le répertoire du plugin QGIS créé à l'étape 6 et faites `git pull`.

9. Testez dans QGIS et recommencez

Même si vous n'utilisez pas cette méthode, le fait de conserver votre code source dans un système de gestion des versions et de le pousser vers un dépôt distant (tel que Github ou BitBucket) est une bonne idée.

Utilisation de la méthode de développement/déploiement

Avec cette méthode, vous développez dans un répertoire source, puis vous déployez (copiez) votre plugin dans votre répertoire de plugins QGIS chaque fois que vous voulez le tester. Si vous êtes sur un système Unix ou si vous utilisez l'installation OSGeo4W de QGIS, vous pouvez utiliser `make` et un fichier Makefile pour déployer le plugin.[29]

29. Plugin Builder crée à la fois un Makefile et un fichier de configuration `pb_tool` que vous pouvez personnaliser. Vous pouvez alors utiliser `make` ou `pb_tool` pour construire, empaqueter et déployer votre plugin.

La méthodologie privilégiée
Quelle méthode devriez-vous donc utiliser ? C'est bien sûr une question d'opinion. Je suggérerais le processus de développement suivant, qui combine quelques-unes des options dont nous avons discuté ci-dessus :

1. Utilisez Plugin Builder pour créer votre plugin, en l'enregistrant dans un répertoire où vous conserverez le code source de tous vos plugins

2. Passez dans votre répertoire source et mettez-le sous système de contrôle de source

```
git init .
git add *
git commit -am 'Premier commit de mon super plugin'
```

3. Utilisez pb_tool deploy pendant votre cycle de développement pour tester votre plugin

Le plugin *Plugin Reloader* peut être très utile lors du développement de votre plugin. Il vous permet de recharger votre plugin après les modifications apportées sans avoir à redémarrer QGIS.

12.2 L'outil de création de plugins : pb_tool

L'utilisation de *pb_tool* vous permet de disposer d'un outil en ligne de commande Python pour compiler et déployer vos plugins QGIS sur Windows, Linux et Mac.

Fonctionnalités
pb_tool offre des commandes pour aider à développer, tester et déployer un plugin QGIS Python de la manière suivante :

— Compiler les fichiers de ressources et d'interface utilisateur
— Déployez-le dans votre répertoire de plugins pour le tester avec QGIS
— Créer un fichier zip à téléverser dans un dépôt ou à installer directement via le gestionnaire de plugins
— Nettoyer les fichiers compilés et déployés

— Créer et nettoyer la documentation
— Créer des fichiers de traduction

Installation

Vous pouvez installer l'outil en utilisant pip :

```
pip install pb_tool
```

Pour passer à la dernière version, utilisez :

```
pip install --upgrade pb_tool
```

Assurez-vous que vous avez la version Python 3 de pb_tool en utilisant la commande version :

```
pb_tool version
3.0.6, 2017-11-05
```

Sinon, installez la en utilisant pip3.

Pour plus d'informations sur la configuration du développement sous Windows, voir : *Un guide rapide pour démarrer avec PyQGIS 3 sous Windows.*[30]

30. https://loc8.cc/ppg3/quick_start

Utilisation

pb_tool nécessite un fichier de configuration pour fonctionner. Par défaut, *pb_tool* prend un nom de fichier de pb_tool.cfg, bien que vous puissiez en spécifier un autre en utilisant les options --config dans la plupart des commandes.

Pour afficher les commandes disponibles, il suffit d'entrer *pb_tool* sur la ligne de commande :

```
Utilisation: pb_tool [OPTIONS] COMMAND [ARGS]...

  Outil Python simple pour compiler et déployer un plugin QGIS. Pour
  obtenir de l'aide sur une commande, utilisez --help après la
  commande : pb_tool deploy --help.

  pb_tool requiert un fichier de configuration (par défaut : pb_tool.cfg)
  qui déclare les fichiers et les ressources utilisés dans votre plugin.
  La version 2.6.0 de Plugin Builder crée un fichier de configuration
  lorsque vous générez un nouveau modèle de plugin.

  Voir https://g-sherman.github.io/plugin_build_tool pour un exemple
```

```
de fichier de configuration. Vous pouvez également utiliser la
commande create pour générer un fichier de config pour un projet
existant, puis le modifier si nécessaire.

Pour les bugs et demandes d'amélioration, voir :
https://github.com/g-sherman/plugin_build_tool

Options:
  --help  Afficher ce message et quitter.

Commands:
  clean       Suppression des fichiers compilés de ressources et...
  clean_docs  Supprimez les fichiers d'aide HTML construits dans...
  compile     Compiler les fichiers de ressources et d'interface...
  config      Créer un fichier de configuration basé sur les fichiers...
  create      Créer un nouveau plugin dans le répertoire actuel...
  dclean      Retirer le plugin déployé du...
  deploy      Déployer le plugin dans le répertoire des plugins de QGIS...
  doc         Construire une version HTML des fichiers d'aide en utilisant...
  help        Ouvrez la page web pb_tools dans votre...
  list        Lister le contenu du fichier de configuration
  translate   Construire les traductions en utilisant lrelease.
  update      Vérifier la mise à jour de pb_tool
  validate    Vérifiez le fichier pb_tool.cfg pour les...
  version     Retourner la version de pb_tool et quitter
  zip         Empaquetez le plugin dans un fichier zip approprié...
```

Aide à la commande

Voici l'aide pour quelques commandes, telle que rapportée par l'option --help :

Compiler

```
$ pb_tool compile --help
Usage: pb_tool compile [OPTIONS]

  Compiler les fichiers de ressources et d'interface utilisateu

Options:
  --config TEXTE  Nom du fichier de configuration à utiliser s'il est
                  différent de pb_tool.cfg
  --help          Affichez ce message et quittez.
```

Déploiement propre

```
$ pb_tool dclean --help
Usage: pb_tool dclean [OPTIONS]
```

```
Supprimer le plugin déployé du répertoire python/plugins

Options:
  --config TEXTE  Nom du fichier de configuration à utiliser s'il est
                  différent de pb_tool.cfg
  --help          Affichez ce message et quittez.
```

Note : Une confirmation est nécessaire pour supprimer le plugin

Nettoyer les fichiers compilés

```
$ pb_tool clean --help
Usage: pb_tool clean [OPTIONS]

  Suppression des fichiers compilés de ressources et d'interface utilisateur

Options:
  --config TEXTE  Nom du fichier de configuration à utiliser s'il est
                  différent de pb_tool.cfg
  --help          Affichez ce message et quittez.
```

Déployer

```
Usage: pb_tool deploy [OPTIONS]

  Déployer le plugin dans le répertoire des plugins QGIS en utilisant
  les paramètres dans pb_tool.cfg

Options:
  --config TEXTE        Nom du fichier de configuration à utiliser
                        s'il est différent de pb_tool.cfg
  -p, --plugin_path TEXT Indiquez le répertoire où déployer votre
                        plugin si vous n'utilisez pas l'emplacement
                        standard
  -q, --quick           Faites une installation rapide sans compiler
                        les fichiers ui, resource, docs, et fichiers
                        de traduction
  -y, --no-confirm      Ne demandez pas de confirmation pour écraser
                        des fichiers existants.
  --help                Affichez ce message et quittez.
```

Note : La confirmation est requise avant le déploiement car elle supprime la version actuelle.

Zip

```
Usage: pb_tool zip [OPTIONS]
```

```
Empaquetez le plugin dans un fichier zip approprié pour le téléverser
dans le dépôt de plugins de QGIS.

Options:
  --config TEXTE  Nom du fichier de configuration à utiliser s'il est
                  différent de pb_tool.cfg
  -q, --quick     Effectuer un packaging rapide sans dclean et déployer
                  (le plugin doit être avoir été précédemment déployé)
  --help          Affichez ce message et quittez.
```

Note : Pour obtenir un paquet propre à téléverser dans un dépôt, la commande zip suggère de faire un *dclean* et un *deploy* d'abord.

Création d'un fichier de configuration pour un projet existant

Vous pouvez créer un fichier de configuration pour un projet de plugin existant en vous rendant dans le répertoire contenant le code source du plugin et en utilisant *pb_tool config* :

```
Usage: pb_tool config [OPTIONS]

  Créer un fichier de configuration basé sur les fichiers sources dans
  le répertoire actuel

Options:
  --name TEXTE     Nom du fichier de configuration à utiliser s'il est
                   différent de pb_tool.cfg
  --package TEXTE  Nom du paquet (en minuscules). Il sera utilisé comme
                   nom du répertoire pour le déploiement
  --help           Affichez ce message et quittez.
```

Pour créer un fichier de configuration :

```
pb_tool config --package test_plugin
```

Une fois que le fichier de configuration est créé, vous pouvez essayer *deploy* pour voir s'il a pris tout ce qui est nécessaire pour votre plugin—ou ouvrez-le dans votre éditeur de texte préféré pour le modifier si nécessaire. Le fichier de configuration est annoté et devrait être auto-explicatif.

Sample Config

```
# Fichier de configuration pour l'outil de création de plugins
# Les valeurs par défaut de votre plugin généré par le Plugin Builder
# sont définies ci-dessous.
```

```
#
# Au fur et à mesure que vous ajoutez des fichiers sources Python et
# des fichiers d'interface utilisateur à votre plugin, ajoutez-les à
# la section [files] appropriée ci-dessous.

[plugin]
# Nom du plugin. Il s'agit du nom du répertoire qui sera créé
# lors du déploiement.
name: test_plugin

# Chemin complet vers l'endroit où vous voulez que le répertoire de
# votre plugin soit copié. S'il est vide,
# le chemin par défaut de QGIS sera utilisé. N'incluez pas le nom du
# plugin dans le chemin.
plugin_path:

[files]
# Fichiers Python qui doivent être déployés avec le plugin
python_files: __init__.py plugin_upload.py resources.py whereami.py
               whereami_dialog.py

# Le fichier de dialogue principal qui est chargé (pas compilé)
main_dialog: whereami_dialog_base.ui

# Autres fichiers ui pour vos dialogues (ceux-ci seront compilés)
compiled_ui_files:

# Fichier(s) ressource(s) qui sera(ont) compilé(s)
resource_files: resources.qrc

# Autres fichiers requis pour le plugin
extras: icon.png whereami_icon.png metadata.txt

# Autres répertoires à déployer avec le plugin.
# Ceux-ci doivent être des sous-répertoires sous le répertoire du
# plugin
extra_dirs:

# Code(s) ISO pour toutes les locales (traductions), séparés par
# des espaces. Les fichiers .ts correspondants doivent exister
# dans le répertoire i18n.
locales: af.ts

[help]
# le répertoire d'aide construit qui doit être déployé avec le plugin
dir: help/build/html
# le nom du répertoire à cibler dans le plugin déployé
target: help
```

Déploiement de votre plugin

Utilisez pb_tool `deploy` pour construire votre plugin et le copier dans le répertoire approprié à votre système :

```
Déploiement vers /Users/gsherman/Library/Application Support/QGIS/
    QGIS3/profiles/default/python/plugins/whereami
Le déploiement:
    * Supprimera la version actuellement déployée
    * Compilera les fichiers de l'interface utilisateur et des ressources
    * Construira les documents d'aide
    * Copiera tout dans votre répertoire de plugins

Proceed? [y/N]: y
Removing plugin from /Users/gsherman/Library/Application Support/QGIS
    /QGIS3/profiles/default/python/plugins/whereami
Compiling to make sure install is clean
Compiled 0 UI files
Skipping resources.qrc (unchanged)
Compiled 0 resource files
Building the help documentation
sphinx-build -b html -d build/doctrees   source build/html
Running Sphinx v1.6.5
loading pickled environment... done
building [mo]: targets for 0 po files that are out of date
building [html]: targets for 0 source files that are out of date
updating environment: 0 added, 0 changed, 0 removed
looking for now-outdated files... none found
no targets are out of date.
build succeeded, 1 warning.

Build finished. The HTML pages are in build/html.
Copying __init__.py
Copying whereami.py
Copying whereami_dialog.py
Copying whereami_dialog_base.ui
Copying resources.py
Copying metadata.txt
Copying icon.png
Copying whereami_icon.png
Copying help/build/html to help
Deployment complete. Check above for any issues.
```

Une fois déployé, exécutez QGIS et activez votre plugin à l'aide du gestionnaire de plugins.

Pour des informations actualisées sur pb_tool, consultez la page web.[31]

31. https://loc8.cc/ppg/pb_tool

12.3 Débogage

Lorsque les messages de journal et les instructions d'impression ne suffisent pas à examiner votre code PyQGIS, vous devez parfois recourir au débogage interactif. Il existe plusieurs options pour déboguer votre code :

1. Le débogueur pdb utilisé à partir de la console de commande
2. Utiliser ipdb avec IPython à partir de la console de commande
3. Le débogueur autonome à distance, Winpdb
4. Débogage à distance depuis un IDE
5. Le plugin *First Aid*

Utilisation de pdb

Utiliser pdb nous oblige à importer le module dans notre code

```
import pdb
```

Assurez-vous d'importer également pyqtRemoveInputHook de PyQt5.QtCore.

Lorsque vous souhaitez que votre code s'arrête et passe dans le débogueur, placez ces lignes au point d'arrêt souhaité :

```
pyqtRemoveInputHook()
pdb.set_trace()
```

La clé pour utiliser pdb est de lancer QGIS depuis un terminal. Sous Linux, il suffit de simplement exécuter qgis à partir de la ligne de commande.

Sous Mac OS X, vous devez utiliser la commande open. En supposant que QGIS est installé dans Applications

```
open /Applications/QGIS.app/Contents/MacOS/QGIS
```

La version Windows de QGIS ne nous permet pas de le démarrer de manière à ce que pdb puisse s'attacher au processus—vous devrez utiliser l'une des autres méthodes listées ci-dessous.

Une fois que pdb est actif dans votre terminal, vous pouvez utiliser des commandes pour lister les sources, mettre des points d'arrêt,

voir le contenu des variables, et avancer dans votre code. Taper *help*
vous donne un résumé des commandes disponibles, dont beaucoup
ont des abréviations d'une lettre

```
(Pdb) help

Commandes documentées (tapez help <topic>):
============================================
EOF     bt        cont      enable  jump  pp       run      unt
a       c         continue  exit    l     q        s        until
alias   cl        d         h       list  quit     step     up
args    clear     debug     help    n     r        tbreak   w
b       commands  disable   ignore  next  restart  u        whatis
break   condition down      j       p     return   unalias  where

Diverses rubriques d'aide :
===========================
exec  pdb

Commandes non documentées :
===========================
retval  rv
```

Pour plus d'informations et de détails sur l'utilisation de pdb, voir
la documentation à l'adresse :

```
https://loc8.cc/ppg/pdb
```

Utilisation d'ipdb
L'utilisation de ipdb vous procure un pdb compatible avec IPython.
Cela vous offre la complétion de tabulation, la coloration syntaxique
et une meilleure introspection, avec les mêmes commandes que pdb.

Activer ipdb est simple. Tout d'abord, vous devez importer le module

```
import ipdb
```

Pour définir votre point d'arrêt, utilisez les éléments suivants à l'endroit
approprié de votre code : :
ipdb.set_trace()

Lorsque l'instruction set_trace est rencontrée, le débogueur est activé avec un shell IPython. Vous pouvez alors examiner les variables,
exécuter des instructions et parcourir votre code.

Tout comme avec pdb, vous devez démarrer QGIS à partir d'un terminal de commande.

Pour plus d'informations sur l'utilisation de ipdb, voir :

```
https://pypi.python.org/pypi/ipdb
```

Débogage à distance avec Winpdb

Si vous n'utilisez pas d'IDE ou si le vôtre ne prend pas en charge le débogage à distance, vous pouvez utiliser Winpdb.[32] Malgré son nom, Winpdb est un outil de débogage multiplateforme qui fonctionne sur Linux, Mac OS X et Windows. Il nécessite l'installation de wxPython qui est disponible pour chacun de ces trois systèmes d'exploitation.[33]

32. https://pypi.org/project/
    winpdb/
33. https://www.wxpython.org

Comme avec pdb, nous devons ajouter quelques lignes de code pour activer le débogage

```
import rpdb2
rpdb2.start_embedded_debugger(password)
```

Lorsque votre code rencontre l'instruction *start_embedded_debugger*, il se mettra en pause et attendra cinq minutes qu'un débogueur se connecte. Depuis Winpdb, vous pouvez alors vous vous attachez au processus en utilisant le même mot de passe que celui spécifié dans votre code. À partir de ce moment, vous avez accès au code dans le débogueur, comme le montre la figure 12.2, page suivante.

Nous pouvons utiliser les outils pour parcourir le code, examiner les variables et définir des points d'arrêt supplémentaires.

En résumé, l'utilisation d'un débogueur visuel (autonome ou intégré à un IDE) peut être un moyen très efficace de diagnostiquer votre code. La possibilité de s'attacher à QGIS et de tester votre plugin dans des conditions réelles d'utilisation est extrêmement utile.

Débogage à distance depuis un IDE

Il existe un certain nombre d'IDE qui prennent en charge le débogage à distance, ce qui signifie qu'ils peuvent s'attacher à un projet QGIS en cours d'exécution et fournir des fonctionnalités de débogage, notamment :

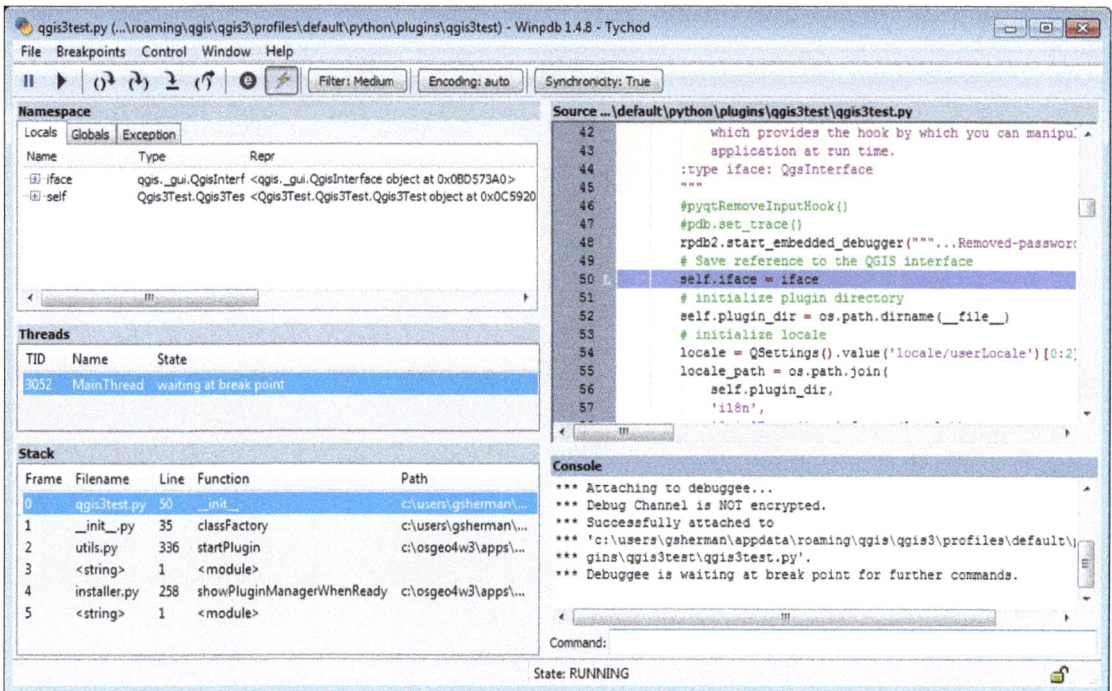

FIGURE 12.2: Déboguer un plugin
avec Winpdb

— PyDev (Eclipse or LiClipse)
— PyCharm (commercial)

Nous avons brièvement discuté PyDev dans Section 4.2, Utilisation d'un IDE, page 49. Une fois que vous avez installé l'IDE, vous pouvez configurer le débogage à distance en suivant les instructions à l'adresse suivante :

```
https://www.pydev.org/manual_adv_remote_debugger.html
```

Si vous utilisez PyCharm, consultez la section "Débogage à distance avec un serveur de débogage Python" à l'adresse :

```
https://www.jetbrains.com/help/pycharm/remote-debugging.html
```

Débogage avec le plugin First Aid

Le plugin *First Aid* fournit à la fois un débogueur et un gestionnaire d'erreurs amélioré pour QGIS. Ce plugin vous permet de définir des points d'arrêt, de passer au-dessus/à l'intérieur du code, d'inspecter les variables et d'exécuter des instructions Python.

https://github.com/wonder-sk/
qgis-first-aid-plugin

Le gestionnaire d'erreurs fourni par *First Aid* permet une inspection plus approfondie des erreurs Python. Il vous permet de parcourir les blocs, de visualiser les variables et le code source, et d'exécuter du code pour mieux diagnostiquer les problèmes.

Installation

First Aid s'installe comme n'importe quel autre plugin QGIS en utilisant *Extensions->Installer/Gérer les extensions...*. Une fois installé, il prend le relais du gestionnaire d'erreurs par défaut de QGIS. Chaque fois qu'une erreur est rencontrée dans le code Python de QGIS, *First Aid* la gère.

Débogage

Pour déboguer votre code ou votre plugin, cliquez sur l'icône du bug 🐞 et chargez le dans *First Aid*. Vous pouvez alors définir un ou plusieurs points d'arrêt.

Examinons un exemple en utilisant le code de notre plugin WhereAmI, tel qu'il a été généré par le Plugin Builder, avant que nous ne l'ayons personnalisé.

Sur la figure 12.3 nous avons chargé le fichier whereami.py et placé un point d'arrêt à la ligne 187 où le dialogue est affiché. Lorsque nous cliquons sur l'icône de l'outil *Where Am I?*, le débogueur entre en action et arrête l'exécution à la ligne 187. Dans Figure 12.3, nous avons cliqué sur le bouton *Step over* pour exécuter la méthode show. et le débogueur attend maintenant à la ligne 189. A ce stade, nous pouvons examiner les variables.

Si vous examinez la ligne 191, vous verrez que nous avons introduit un bug : la variable xresult n'est déclarée nulle part. Si nous cliquons sur le bouton *Continue*, l'erreur est rencontrée et le gestionnaire d'erreurs de *First Aid* s'affiche comme indiqué dans la figure 12.4, page suivante.

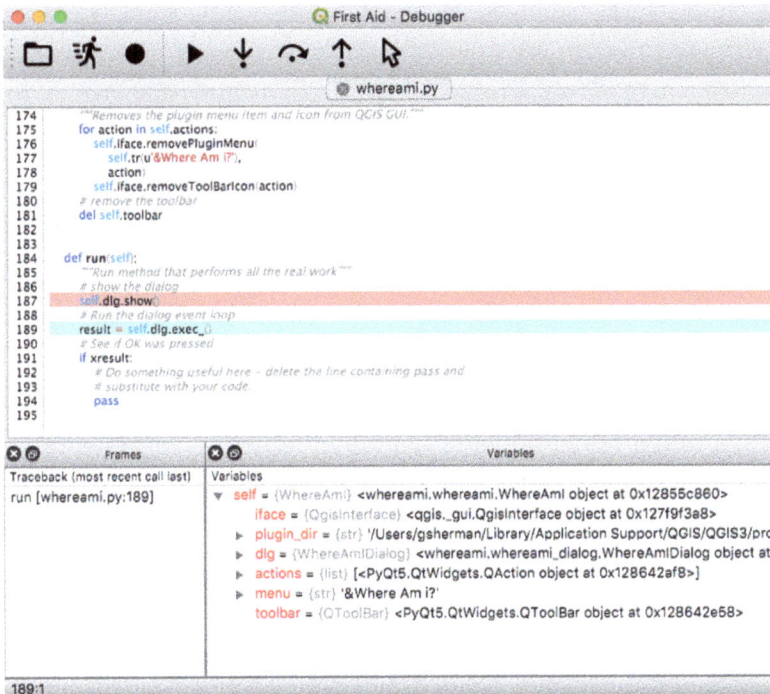

FIGURE 12.3: Débogage avec le plugin First Aid

Le gestionnaire d'erreur nous montre la cause de l'erreur et le traceback. Nous obtenons également une vue de code sur la droite, les variables en bas, et une invite de la console Python. Cela nous permet d'examiner en détail la cause de l'erreur.

L'utilisation de *First Aid* est vraiment pratique car il est intégré à QGIS et simple à utiliser. Pour information, *First Aid* fonctionne également avec QGIS 2.x.

FIGURE 12.4: Le gestionnaire d'erreurs First Aid

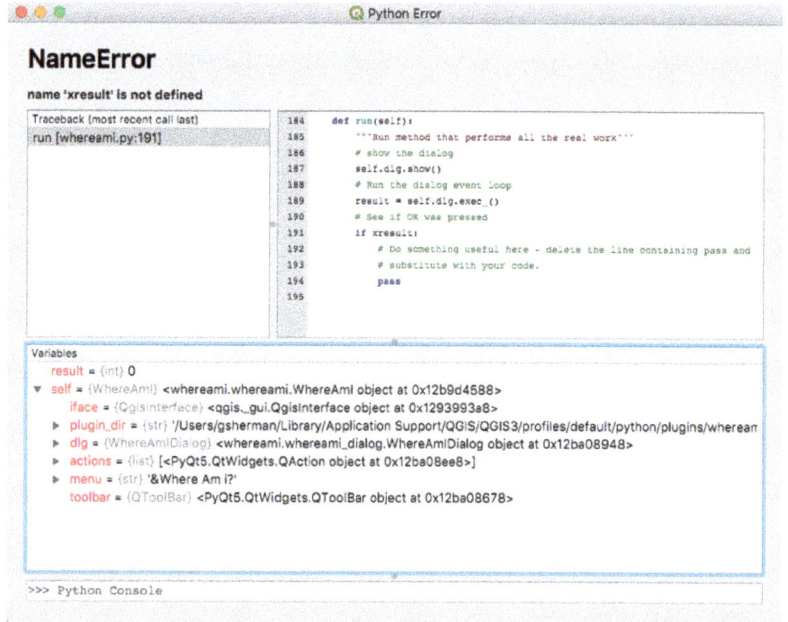

Conversion du code à la version QGIS 3

Lors de la conversion d'un plugin ou d'un script pour fonctionner avec QGIS 3, nous devons considérer les aspects suivants :

— Changements de Python entre les versions 2 et 3
— API Qt de la version 4 à 5
— Modifications de l'API QGIS dans la version 3

Le niveau d'effort requis dépend de la complexité de votre code et de la manière dont il utilise l'API QGIS. Il y a un grand nombre de changements dans QGIS. Par expérience, la plupart des efforts seront de mettre à jour les classes et les méthodes QGIS dans votre code.

13.1 Conversion de code Python

Vous pouvez utiliser le script 2to3 pour faire une grande partie de la conversion automatiquement, mais il ne se chargera pas de tout. Si votre code n'est pas trop exotique, le script 2to3 vous permettra probablement de faire la majeure partie du travail. Voici un exemple d'un simple morceau de code, simpleprint.py, écrit en Python 2 :

```
print "QGIS 3 is coming soon"
```

Si nous devions lancer 2to3 sur simpleprint.py, on aura :

```
2to3 simpleprint.py
RefactoringTool: Skipping implicit fixer: buffer
```

```
RefactoringTool: Skipping implicit fixer: idioms
RefactoringTool: Skipping implicit fixer: set_literal
RefactoringTool: Skipping implicit fixer: ws_comma
RefactoringTool: Refactored simpleprint.py
--- simpleprint.py    (original)
+++ simpleprint.py    (refactored)
@@ -1 +1 @@
-print "QGIS 3 is coming soon"
+print("QGIS 3 is coming soon")
RefactoringTool: Files that need to be modified:
RefactoringTool: simpleprint.py
```

La sortie est un diff, nous montrant les changements. Noter qu'en Python 3, l'instruction print est une fonction et nécessite des arguments entre les parenthèses.

Si nous fournissons l'option -w, le fichier original est modifié. Vous pouvez trouver la documentation pour 2to3,
ainsi qu'une liste des "réparateurs" qu'il utilise à `https://docs.python.org/2/library/2to3.html`.

Vous n'êtes pas obligés d'utiliser 2to3 ; vous pouvez simplement charger votre plugin ou script dans QGIS 3 et commencer le dépannage. En fait, c'est la méthode que j'ai utilisée lors de la conversion du "Plugin Builder" et "Script Runner". Vous allez avancer sur le dépannage en chargeant/fixant/chargeant quand il s'agit de réparer le code Qt et QGIS.

13.2   Conversion à Qt5

Il y a un certain nombre de changements de Qt4 à Qt5. L'un des principaux que vous rencontrerez est le déplacement
d'un certain nombre de classes du module PyQt4.QtCore vers PyQt5.QtWidgets. Pour citer le site Web de PyQt :

> *...l'expérience montre que l'effort dans le portage des applications de PyQt4 à PyQt5 n'est pas génial...*

Pour une liste des changements à PyQt5, voir : `https://docs.huihoo.com/pyqt/PyQt5/pyqt4_differences.html`. Une autre référence est la documentation Qt décrivant les changements d'API C++ : `https://doc.qt.io/qt-5/sourcebreaks.html`.

13.3   Migration vers l'API QGIS 3

De loin, le plus grand travail dans la conversion de votre code concerne les changements à l'API QGIS. Afin de résoudre les problèmes de longue date qui ont empêché d'autres améliorations, la version 3.x a fait l'objet de nombreuses améliorations.

Les changements sont beaucoup trop nombreux pour les inclure ici. Voici quelques généralisations :

— Toute classe ou méthode QGIS 2.x dont le nom contient V2 a été modifié. Par exemple :
  — QgsSymbolV2 est maintenant QgsSymbol.
  — QgsVectorLayer.rendererV2 est désormais QgsVectorLayer.renderer
— Les classes composer ont été supprimées et remplacées par le nouveau moteur de mise en page :
  — QgsLayout
  — Les classes connexes (56 au total) comme les classes QgsLayoutItem'*
— Un certain nombre d'autres classes et méthodes ont été renommées pour être plus descriptives

Voici quelques statistiques qui illustrent l'ampleur des changements :

— Classes déplacées : 2 (de gui à core)
— Classes renommées : 154
— Méthodes renommées : 26
— Classes supprimées et/ou remplacées : 67

Heureusement, la communauté QGIS a fait du bon travail en documentant tous les changements d'API à : `https://qgis.org/api/api_break.html`. La meilleure approche est de travailler avec votre code, en utilisant le document de modifications de l'API comme référence. Lorsque vous rencontrez une erreur dans votre code liée à l'API, reportez-vous au document pour voir ce qui a changé et comment le réparer.

4 *Développer une application autonome*

À l'aide de Qt et de l'API QGIS, vous pouvez créer votre propre application SIG autonome qui ne contient que les fonctionnalités dont vous avez besoin. Voici quelques raisons de le faire :

— Vous avez besoin d'une application de collecte de données personnalisée et simplifiée pour une utilisation sur le terrain
— Vous souhaitez restreindre les fonctionnalités afin de fournir une application simple ou sécurisée
— Vous souhaitez inclure des fonctionnalitées QGIS dans une application plus large qui n'est pas nécessairement centrée sur le SIG.

Le principal défi de la création d'une application autonome réside dans le déploiement. Si vous ciblez un seul système d'exploitation, c'est plus simple. Avant de nous préoccuper du déploiement, nous allons créer une application simple comprenant quelques outils cartographiques et un canevas de carte.

14.1   *Conception de l'application*

Tout d'abord, une application QGIS est une application Qt—nous utilisons le framework PyQt pour l'interface graphique.

Il existe plusieurs options pour créer l'interface graphique :

1. Utiliser Qt Designer pour mettre en page la fenêtre principale et d'autres éléments de l'interface graphique

2. Créer l'interface entière avec notre code Python

Nous utiliserons la deuxième méthode car elle vous permettra de mieux comprendre ce qui se passe "sous le capot".

Utiliser PyQt de manière interactive

De la même manière que vous pouvez utiliser l'interpréteur de commandes (shell) interactif pour expérimenter les bases de Python, vous pouvez également l'utiliser pour faire apparaître une application Qt simple. Voici un exemple simple que nous pouvons essayer à partir du shell Python—nous l'utiliserons comme point de départ à partir duquel nous développerons notre application.

Listing 14.1 – interactive.py

```python
from PyQt5 import QtWidgets

app = QtWidgets.QApplication([])
main_win = QtWidgets.QMainWindow()
frame = QtWidgets.QFrame(main_win)
main_win.setCentralWidget(frame)
grid_layout = QtWidgets.QGridLayout(frame)

text_editor = QtWidgets.QTextEdit()
text_editor.setText("This is a simple PyQt app that includes "
                    "a main window, a grid layout, and a text "
                    "editor widget.\n\n"
                    "It is constructed entirely from code.")
grid_layout.addWidget(text_editor)
main_win.show()
# Ajouter l'instruction suivante si l'execution se fait sous forme de script
app.exec_()
```

Si vous saisissez ces instructions (ou les exécutez à partir d'un script) dans un shell Python, vous obtiendrez une application simple illustrée par la figure 14.1.

Vous pouvez également exécuter ce script à partir de la console Python de QGIS.

FIGURE 14.1: Une application PyQt simple

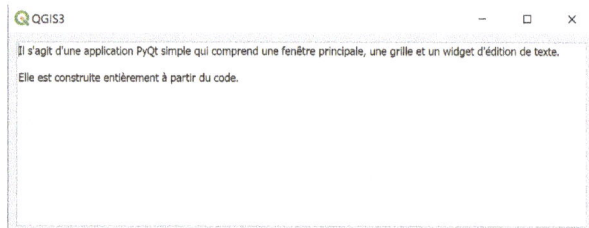

Jetons un coup d'œil rapide sur le contenu du code. A la *ligne 1*, nous importons le module PyQt5.QtWidgets puisqu'il contient les classes dont nous avons besoin pour pour créer notre application. Voici une liste annotée des *lignes 3-7* :

Ligne 3 : Créer l'application en utilisant la classe QApplication.

Ligne 4 : Créer la fenêtre principale de notre application

Ligne 5 : Créer un "cadre" (frame) auquel nous ajouterons d'autres widgets

Ligne 6 : Définir le cadre comme étant le widget central de notre fenêtre principale (chaque fenêtre principale en a un)

Ligne 7 : Créer une grille de mise en page dont le cadre est le parent

Ces déclarations définissent les bases de notre application et de notre fenêtre. La grille nous permettra de faire en sorte que PyQt redimensionne dynamiquement tous nos widgets enfants lorsque la fenêtre principale est redimensionnée.

Nous sommes maintenant prêts à ajouter le cœur de notre application : un contrôle d'édition de texte à la *ligne 9*. Remarquez que nous le créons sans spécifier de widget parent (s'il avait un parent, il aurait été spécifié comme argument de la commande QtGui.QTextEdit).

Aux *lignes 10-13*, nous ajoutons du texte à notre zone de texte, juste pour nous assurer qu'il fonctionne lorsque nous lançons l'application. À la *ligne 14*, nous ajoutons notre zone de texte à notre grille qui se chargera de la mise en page dynamique.

Les deux dernières choses consistent à afficher la fenêtre principale à la *ligne 15* et ensuite à ajouter *ligne 17*, au cas où nous voudrions exécuter ce code en tant que script depuis la ligne de commande comme ceci

```
python3 interactive.py
```

C'est une application GUI complète en à peine dix-sept lignes de code, bien qu'elle ne soit pas ce que nous appellerions riche en fonctionnalités. Le fait que vous puissiez construire une application et, en général, utiliser PyQt à partir du shell Python est une aide précieuse pour le prototypage et l'apprentissage de l'API. Faisons évoluer notre code simple et transformons-le en une application géospatiale.

14.2   Création d'une application PyQGIS minimale

Pour commencer, nous pouvons transformer notre application simple en une application PyQGIS minimale qui affiche un fichier shapefile en ajoutant un canevas de carte QGIS à la place du contrôle de la zone de texte :

Listing 14.2 – interactive_qgis.py

```python
1  from PyQt5.QtWidgets import QApplication, QFrame, QGridLayout, QMainWindow
2  from qgis.gui import QgsMapCanvas
3  from qgis.core import QgsApplication, QgsProject, QgsVectorLayer
4
5  app = QApplication([])
6  QgsApplication.setPrefixPath("/Users/gsherman/apps/QGIS.app/Contents/MacOS", Tru
7  QgsApplication.initQgis()
8
9  main_win = QMainWindow()
10 frame = QFrame(main_win)
11 main_win.setCentralWidget(frame)
12 grid_layout = QGridLayout(frame)
13
14 map_canvas = QgsMapCanvas()
15 grid_layout.addWidget(map_canvas)
16
17 layer = QgsVectorLayer(
18     '/data/pyqgis_data/alaska.shp',
19     'alaska',
20     'ogr')
21
22 prj = QgsProject()
23 prj.addMapLayer(layer)
24
25 map_canvas.setLayers([layer])
26 map_canvas.zoomToFullExtent()
27
28 main_win.show()
29
30 # Il faut ajouter l'instruction suivante si l'execution se fait
31 # sous forme de script
32 app.exec_()
```

Cela nous donne l'application présentée dans la figure 14.2. Il n'y a pas grand chose à voir—pas de barres d'outils, de menus, de contrôles de carte ou de légende, juste un canevas de carte avec une seule couche. Remarquez le joli remplissage en fondu de la forme et le trait de côte bleu. Nous avons obtenu cela par défaut parce que j'avais auparavant stylisé la couche et enregistré les paramètres en tant que fichier de style QGIS (.qml). Normalement, on obtient un simple remplissage solide avec une couleur choisie au hasard.

Examinons de plus près le code nécessaire à la mise en place de l'application.

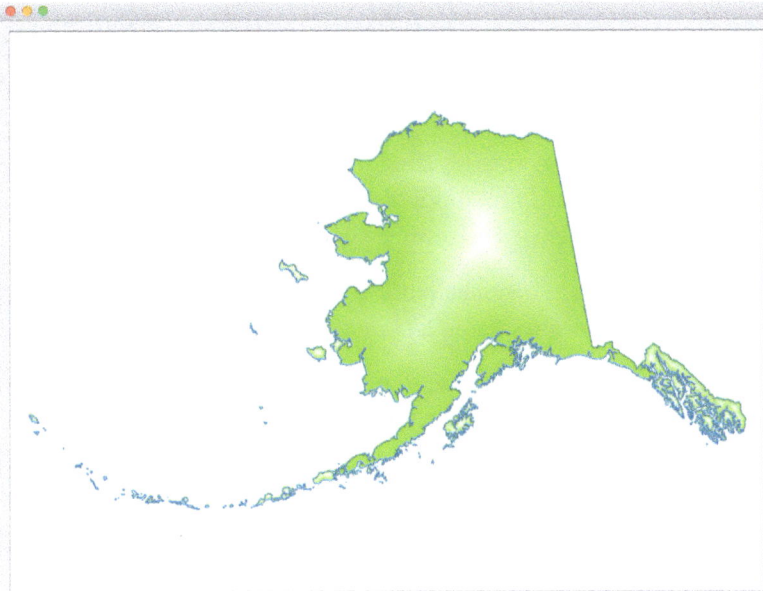

FIGURE 14.2: Une application PyQGIS simple

Nous avons commencé avec un widget d'édition de texte de base et l'avons remplacée par un widget de type QgsMapCanvas. Pour que cela fonctionne, nous devons d'abord faire quelques réglages.

A la *ligne 1*, nous avons importé les modules nécessaires de PyQt5, puis les *lignes 2 et 3* importent les modules Python nécessaires à QGIS. La *ligne 5* crée l'application. Ensuite, nous configurons QGIS en définissant le chemin du préfixe (l'emplacement où QGIS est installé) à la *ligne 6* et nous l'initialisons à la *ligne 7* avec un appel à initQgis.

Les lignes 9 à *12* définissent la fenêtre principale et la disposition de la grille qui sont les mêmes que dans notre application PyQt simple.

A la *ligne 14* nous créons notre QgsMapCanvas. Lorsque nous développons un plugin, nous utilisons le canevas de la carte QGIS. Dans notre cas, nous devons fournir le nôtre.

Nous voulons que le canevas occupe la fenêtre de l'application et nous le faisons en l'ajoutant à la grille de mise en page à la *ligne 15*.

Ensuite, nous créons une QgsVectorLayer à partir d'un fichier shapefile et l'ajoutons à notre QgsProject aux *lignes 17-23*. Cela devrait vous sembler familier, car c'est l'une des méthodes que nous avons utilisées dans les chapitres précédents.

Ensuite, nous définissons les couches à afficher sur le canevas à la *ligne 25* en utilisant la méthode setLayers et en lui passant notre couche nouvellement créée comme une list.

Pour s'assurer que la couche ajoutée est visible, nous zoomons sur l'étendue du fichier shapefile à la *ligne 26*.

La dernière chose à faire est d'afficher la fenêtre principale à la *ligne 28*. Puisque nous voulons exécuter le code sous la forme d'un script au lieu d'entrer individuellement des commandes Python, nous avons besoin de l'appel app.exec_() à la *ligne 31*, autrement notre application se lancerait et se terminerait immédiatement.

C'est tout—nous avons une application simple, bien que spartiate et statique. Nous allons la remanier et la polir un peu dans la section suivante.

14.3 *Création de notre propre classe de fenêtre principale*

Notre code jusqu'à présent n'est pas modulaire. Pour mettre de l'ordre dans tout cela, nous allons remanier le code de la fenêtre principale et le mettre dans une classe dédiée :

Listing 14.3 – ourmainwindow_1.py

```
1   import os
2
3   from PyQt5.QtWidgets import QFrame, QGridLayout, QMainWindow
4   from qgis.gui import QgsMapCanvas
5   from qgis.core import QgsProject, QgsVectorLayer
6
7
8   class OurMainWindow(QMainWindow):
9       def __init__(self):
10          QMainWindow.__init__(self)
11
12          self.setupGui()
13          self.project = QgsProject()
14
15          self.add_ogr_layer('/data/pyqgis_data/alaska.shp')
16          self.map_canvas.zoomToFullExtent()
17
18      def setupGui(self):
19          frame = QFrame(self)
20          self.setCentralWidget(frame)
21          self.grid_layout = QGridLayout(frame)
22
23          self.map_canvas = QgsMapCanvas()
24          self.grid_layout.addWidget(self.map_canvas)
25
26      def add_ogr_layer(self, path):
27          (name, ext) = os.path.basename(path).split('.')
28          layer = QgsVectorLayer(path, name, 'ogr')
29          self.project.addMapLayer(layer)
30          self.map_canvas.setLayers([layer])
```

La classe OurMainWindow contient une grande partie du code de notre script original, mais nous avons commencé à le rendre plus modulaire et plus facile à comprendre.

La première chose que vous devriez remarquer est que notre classe est une classe dérivée de QMainWindow (*ligne 8*). Cela nous permet d'étendre QMainWindow et de lui ajouter des fonctionnalités supplémentaires.

La méthode __init__ configure notre interface graphique, ajoute un fichier shapefile, et effectue un zoom sur l'emprise totale. Plus tard, nous ajouterons des méthodes à notre classe pour choisir le fichier shapefile que nous voulons charger.

La méthode setupGui crée l'interface graphique et ajoute le canevas de la carte à notre fenêtre principale.

Enfin, la méthode `add_ogr_layer` prend le chemin de notre fichier shapefile et l'ajoute à la carte, de la même manière que notre script précédent.

Vous avez peut-être remarqué qu'il manque quelque chose. Il n'y a pas de code pour créer l'application et la faire fonctionner. Pour cela, nous avons besoin d'un autre petit bout de code, encore une fois extrait de notre script original :

Listing 14.4 – our_app_1.py

```
1  from PyQt5.QtWidgets import QApplication
2  from qgis.core import QgsApplication
3
4  from ourmainwindow_1 import OurMainWindow
5
6  app = QApplication([])
7  # Configurer QGIS
8  QgsApplication.setPrefixPath("/Users/gsherman/apps/QGIS.app/Contents/MacOS", Tr
9  QgsApplication.initQgis()
10
11 # Definir la fenetre principale et l'afficher
12 mw = OurMainWindow()
13 mw.show()
14
15 app.exec_()
16
17 # "Supprimer" notre fenetre principale
18 mw = None
19 # Nettoyer QGIS
20 QgsApplication.exitQgis()
```

Dans `notre_app_1.py`, nous créons l'instance QApplication, configurons l'environnement QGIS aux *lignes 8-9*, puis nous créons une instance de OurMainWindow à la *ligne 12*. Nous appelons ensuite sa méthode `show` et lançons l'application à la *ligne 15*. Le résultat ressemble exactement à la version originale présentée dans la figure 14.2, page 221.

Notez que nous avons ajouté un code de sortie dans les *lignes 17--20*. Cela permet de fermer l'application proprement, sans erreur.

Notre application a encore besoin de nombreuses évolutions avant d'être réellement utile. Ajoutons quelques outils de cartographie.

14.4   Ajouter des outils cartographiques à l'application

Puisque nous utilisons une classe dérivée de QMainWindow, notre application est livrée avec des zones prêtes à l'emploi pour les menus, les barres d'outils et la barre d'état. Nous allons commencer simplement en ajoutant un seul outil cartographique à l'application : *Zoom +*.

Il existe plusieurs façons d'ajouter un menu ou un outil dans Qt. Cependant, le moyen le plus flexible est d'utiliser une QAction. Cela nous permet d'ajouter l'action à la fois au menu et à la barre d'outils, plutôt que de créer du code pour faire les deux. Voici notre action

```
self.zoomin_action = QAction(
        QIcon(":/ourapp/zoomin_icon"),
        "Zoom In",
        self)
```

Cela crée l'action, mais ne fait rien pour le moment car elle n'est pas connectée à une méthode pour zoomer le canevas. Voici la nouvelle version de notremainwindow.py :

ourmainwindow_2.py

```
1  import os
2
3  from PyQt5.QtWidgets import QFrame, QGridLayout, QMainWindow, QAction
4  from PyQt5.QtGui import QIcon
5  from qgis.gui import QgsMapCanvas, QgsMapToolZoom
6  from qgis.core import QgsProject, QgsVectorLayer
7
8  import resources
9
10 class OurMainWindow(QMainWindow):
11     def __init__(self):
12         QMainWindow.__init__(self)
13
14         self.setupGui()
15         self.project = QgsProject()
16
17         self.add_ogr_layer('/data/pyqgis_data/alaska.shp')
18         self.map_canvas.zoomToFullExtent()
19
20     def setupGui(self):
```

```
21          frame = QFrame(self)
22          self.setCentralWidget(frame)
23          self.grid_layout = QGridLayout(frame)
24
25          self.map_canvas = QgsMapCanvas()
26          self.grid_layout.addWidget(self.map_canvas)
27
28          # Configurer l'action pour l'outil de zoom avant
29          self.zoomin_action = QAction(
30              QIcon(":/ourapp/zoomin_icon"),
31              "Zoom In",
32              self)
33          # Creer la barre d'outils
34          self.toolbar = self.addToolBar("Map Tools")
35          self.toolbar.addAction(self.zoomin_action)
36
37          # Connecter le(s) outil(s)
38          self.zoomin_action.triggered.connect(self.zoom_in)
39
40          # Creer le(s) outil(s) cartographique(s)
41          self.tool_zoomin = QgsMapToolZoom(self.map_canvas, False)
42
43      def add_ogr_layer(self, path):
44          (name, ext) = os.path.basename(path).split('.')
45          layer = QgsVectorLayer(path, name, 'ogr')
46          self.project.addMapLayer(layer)
47          self.map_canvas.setLayers([layer])
48
49      def zoom_in(self):
50          self.map_canvas.setMapTool(self.tool_zoomin)
```

Examinons les changements nécessaires pour que notre outil de zoom avant soit visible et fonctionne. À la *ligne 8*, nous importons notre fichier de ressources. Ce fichier contient la définition des ressources nécessaires à notre application, dans le cas présent juste une icône pour l'outil *Zoom +*. Le fichier resources.py est créé en compilant le fichier resources.qrc à l'aide de l'outil pyrcc5, comme nous l'avons fait en Section 11.4, Modifier le fichier de ressources, page 177.

Le contenu de resources.qrc est

```
<RCC>
    <qresource prefix="/ourapp" >
        <file alias="zoomin_icon">resources/mActionZoomIn.png</file>
    </qresource>
</RCC>
```

Nous avons également besoin d'un fichier image pour l'icône de la barre d'outils—nous avons créé un sous-répertoire resources et nous y avons copié `ActionZoomIn.png`.

Ensuite, la compilation du fichier de ressources nous donne `resources.py`

Nous avons utilisé l'icône mAction-ZoomIn.png trouvée dans le code source de la documentation QGIS : https://github.com/qgis/QGIS-Documentation/tree/master/resources/en/docs/common

```
pyrcc5 -o resources.py -o resources.qrc
```

Les lignes 28 à 41 créent l'action et configurent l'outil *Zoom +*. À la *ligne 30* nous référençons l'icône spécifiée dans notre fichier de ressources en utilisant son alias.

Nous avons besoin d'une barre d'outils, nous la créons donc à la *ligne 34* et la nommons *Map Tools*. Ensuite, nous pouvons lui ajouter une action à la *ligne 35*. Cela fera apparaître l'icône de l'outil dans la barre d'outils.

Nous devons connecter l'action à une méthode qui fera quelque chose lorsque l'outil sera déclenché. A la *ligne 38*, nous la connectons à la méthode `zoom_in`.

En plus de l'action, nous devons créer l'outil cartographique QGIS. Ceci est fait à la *ligne 41*, où nous créons un objet QgsMapToolZoom, dont le parent est le canevas de la carte, et nous spécifions *False* comme second argument pour effectuer un zoom avant (un réglage sur *True* ferait un outil de zoom arrière).

La dernière chose dont nous avons besoin est la méthode `zoom_in` qui définit simplement notre outil de zoom avant comme l'outil actif du canevas de la carte (*lignes 49 et 50*).

Avec cela, nous pouvons exécuter l'application et, comme nous le voyons dans la Figure 14.3, page suivante, nous avons maintenant une barre d'outils avec notre outil de zoom avant et nous pouvons l'utiliser pour manipuler l'affichage.

Voici quelques améliorations que nous pourrions ajouter à notre application simple :

— Outils cartographiques pour effectuer un zoom arrière, un panoramique, un zoom sur l'étendue et un zoom complet

FIGURE 14.3: Une application PyQ-
GIS simple avec un outil de zoom
avant

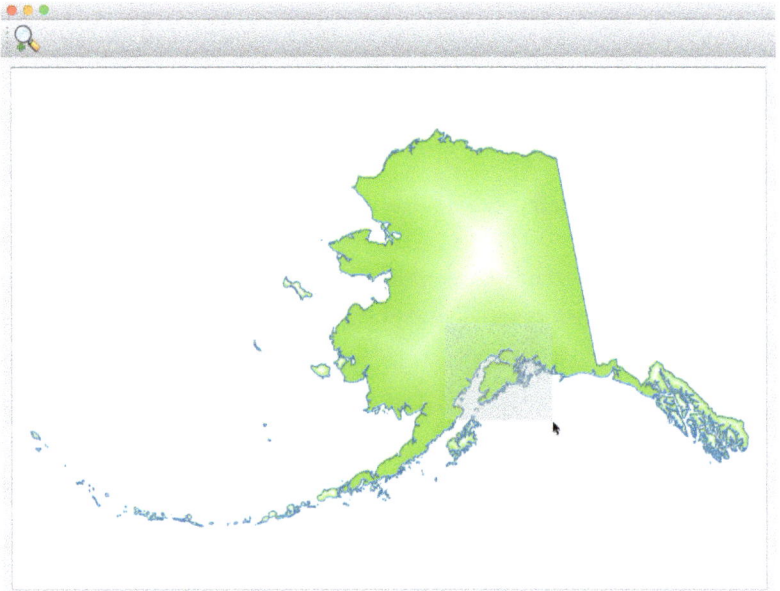

— Modifier le curseur de chaque outil pour qu'il soit plus informa-
tif quant à son action
— Définir les couleurs des couches
— Sélectionnez le fichier shapefile à charger en fournissant une
boîte de dialogue de sélection de fichier

Il est évident que nous dupliquons les fonctionnalités existantes de
QGIS avec notre petite application, mais elle illustre les concepts de
la création d'une application autonome.

14.5   Ajout d'un outil cartographique personnalisé

Une dernière chose que nous devons faire est d'utiliser le code que
nous avons illustré dans le chapitre Création d'un outil cartographique dans Conseils et techniques, page 137.

Nous ne montrerons pas le code de l'outil cartographique qui définit la classe ConnectTool car il est identique à celui que nous avons
implémenté page 137. Nous avons besoin d'une nouvelle version du
code de notre fenêtre principale et du code de l'application qui la

lance.

Dans le code de la nouvelle fenêtre principale, nous ajoutons l'outil carte qui est utilisé pour connecter deux points sur la carte :

Nous avons conservé des versions séparées du code de l'application et de la fenêtre principale afin que vous puissiez voir les changements entre les deux.

Listing 14.5 – ourmainwindow_3.py

```
1  import os
2
3  from PyQt5.QtWidgets import (QFrame, QGridLayout, QMainWindow, QAction,
4                               QActionGroup, QMessageBox)
5  from PyQt5.QtGui import QIcon
6  from qgis.gui import QgsMapCanvas, QgsMapToolZoom
7  from qgis.core import QgsProject, QgsVectorLayer
8
9  from map_tool import ConnectTool
10
11 import resources
12
13
14 class OurMainWindow(QMainWindow):
15     def __init__(self):
16         QMainWindow.__init__(self)
17
18         self.setupGui()
19         self.project = QgsProject()
20
21         self.add_ogr_layer('/data/pyqgis_data/alaska.shp')
22         self.map_canvas.zoomToFullExtent()
23
24     def setupGui(self):
25         frame = QFrame(self)
26         self.setCentralWidget(frame)
27         self.grid_layout = QGridLayout(frame)
28
29         self.map_canvas = QgsMapCanvas()
30         self.grid_layout.addWidget(self.map_canvas)
31
32         # Configurer les actions
33         self.zoomin_action = QAction(
34             QIcon(":/ourapp/zoomin_icon"),
35             "Zoom In",
36             self)
37         self.zoomin_action.setCheckable(True)
38
39         self.connect_action = QAction(
40             QIcon(":/ourapp/connect_icon"),
41             "Connect",
42             self)
43         self.connect_action.setCheckable(True)
44
```

```python
45      # Creer la barre d'outils
46      self.toolbar = self.addToolBar("Map Tools")
47      self.toolbar.addAction(self.zoomin_action)
48      self.toolbar.addAction(self.connect_action)
49
50      # Connecter les actions
51      self.zoomin_action.triggered.connect(self.zoom_in)
52      self.connect_action.triggered.connect(self.connect_pt)
53
54      # Creer le(s) outil(s) cartographique(s)
55      self.tool_zoomin = QgsMapToolZoom(self.map_canvas, False)
56      self.tool_connect = ConnectTool(self.map_canvas)
57      self.tool_connect.line_complete.connect(self.connect_complete)
58
59      # Rendre les outils verifiables
60      tool_group = QActionGroup(self)
61      tool_group.addAction(self.zoomin_action)
62      tool_group.addAction(self.connect_action)
63
64  def add_ogr_layer(self, path):
65      (name, ext) = os.path.basename(path).split('.')
66      layer = QgsVectorLayer(path, name, 'ogr')
67      self.project.addMapLayer(layer)
68      self.map_canvas.setLayers([layer])
69
70  def zoom_in(self):
71      self.map_canvas.setMapTool(self.tool_zoomin)
72      self.zoomin_action.setChecked(True)
73
74  def connect_pt(self):
75      self.map_canvas.setMapTool(self.tool_connect)
76      self.connect_action.setChecked(True)
77
78  def connect_complete(self, pt1, pt2):
79      # Creer la ligne a partir des points
80      QMessageBox.information(None,
81                          "Connect Tool",
82                          "Creating line from %s to %s"
83                          % (pt1.toString(), pt2.toString()))
```

Examinons les principaux changements nécessaires pour intégrer notre outil de cartographie. Tout d'abord, nous importons la classe ConnectTool à la *ligne 9*. Nous devons également créer l'action pour l'outil de connexion comme indiqué aux *lignes 39-43*. Remarquez que nous avons ajouté une instruction pour permettre à notre outil d'afficher son état : coché ou non (*ligne 43*). Nous avons également ajouté la même instruction pour l'outil de zoom (*ligne 37*)

Pour cette version, nous créons une barre d'outils personnalisée et y ajoutons nos deux actions (*lignes 45-48*).

Pour que les outils puissent montrer leur état, nous les ajoutons à QActionGroup aux *lignes 59-62*. Lorsque nous appuyons sur l'outil il sera ombragé pour indiquer qu'il s'agit de l'outil actif de la carte.

Pour faire fonctionner le nouvel outil, nous devons connecter son signal line_complete (*ligne 57*) à la méthode connect_complete (*lignes 78-83*).

Si vous remarquez à la *ligne 40*, nous spécifions une icône pour l'outil de connexion. Cela signifie que nous devons également placer le fichier d'icône dans le répertoire resources et l'ajouter à notre fichier resources.qrc

```
<RCC>
    <qresource prefix="/ourapp" >
        <file alias="zoomin_icon">resources/mActionZoomIn.png</file>
        <file alias="connect_icon">resources/mIconConnect.png</file>
    </qresource>
</RCC>
```

Nous avons utilisé le fichier mIconConnect.png du code source de QGIS pour l'image et compilé le fichier de ressources en utilisant

```
pyrcc5 -o resources.py resources.qrc
```

C'est tout pour les changements de la fenêtre principale. Maintenant, nous devons modifier légèrement le code de l'application :

Listing 14.6 – our_app_3.py

```
1   from PyQt5.QtWidgets import QApplication
2   from qgis.core import QgsApplication
3
4   from ourmainwindow_3 import OurMainWindow
5
6   app = QApplication([])
7   # Configurer QGIS
8   QgsApplication.setPrefixPath("/Users/gsherman/apps/QGIS.app/Contents/MacOS", True)
9   QgsApplication.initQgis()
10
11  # éDfinir la êfentre principale et l'afficher
12  mw = OurMainWindow()
```

```
13    mw.show()
14
15    app.exec_()
16
17    # "Supprimer" notre êfentre principale
18    mw = None
19    # Nettoyer QGIS
20    QgsApplication.exitQgis()
```

Le seul changement est à la *ligne 4*, où nous importons notre nouveau code depuis ourmainwindow_3.py.

L'exécution de l'application en utilisant :

```
python3 our_app_3.py
```

nous donne le résultat montré dans 14.4.

FIGURE 14.4: Une application PyQGIS simple avec un outil cartographique personnalisé

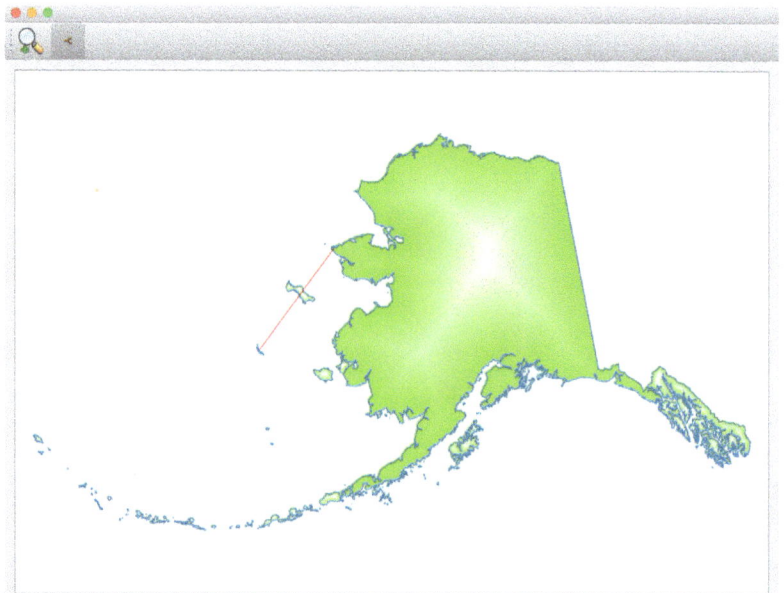

Nous avons cliqué sur l'outil de connexion (son état est indiqué par l'arrière-plan ombré) et l'avons utilisé pour dessiner une ligne. Lorsque nous cliquons sur le point d'arrivée, la boîte de message indiquant les coordonnées de la ligne s'affiche.

Le code pour faire apparaître la QMessageBox se trouve dans notre classe ConnectTool

Il s'agit d'un exemple minimaliste de mise en place d'une application autonome, mais vous avez vu comment mettre en œuvre un outil QGIS existant (zoom avant) ainsi que créer et mettre en œuvre un outil personnalisé. Ce n'est en aucun cas une application finie, mais c'est un bon début.

Empaquetage de votre application autonome

Pour l'instant, nous n'avons pas de moyen pratique d'exécuter notre application, à part la ligne de commande en utilisant `python3 notre_app.py`. L'empaquetage de votre application autonome en tant qu'exécutable peut être un défi, mais il existe certains utilitaires qui peuvent vous aider :
— Linux : Freeze https ://wiki.python.org/moin/Freeze
— Mac : py2app https ://pypi.python.org/pypi/py2app/
— Windows : py2exe https ://www.py2exe.org/

14.6 Exercices

1. Ajouter un titre à la fenêtre principale de l'application
2. Ajouter quelques outils cartographiques supplémentaires à l'application : zoom arrière, panoramique, zoom complet et ouverture de la table des attributs
3. Ajouter un outil pour offrir un moyen de sélectionner le fichier shapefile à charger
4. Ajouter un bouton pour sauvegarder la carte actuelle dans un fichier image
5. Ajouter l'outil cartographique *Sélection par rectangle* à l'application
6. Modifiez la classe ConnectTool pour qu'elle persiste les lignes et place des marqueurs aux points d'extrémité

5 *Réponses aux exercices*

15.1   *Exercices : Introduction*

Les réponses aux exercices du chapitre Introduction :

1. *addProject*
2. *addRasterLayer*
3. *iface.addVectorLayer('/chemin/a/world_borders.shp', 'world_borders', 'ogr')*

15.2   *Exercices : Les bases de Python 3*

Les réponses aux exercices du chapitre Les bases de Python 3 :

1. Une fonction qui accepte les valeurs x et y et les imprime avec quatre décimales :

```
def print_xy(x, y):
    print("X, Y: {:.4f}, {:.4f}".format(x, y))
```

2. Utilisation de paramètres nommés

```
print_xy(y=8.2, x=99.991)
```

3. Le format Well-Known Text (WKT) avec Z :

```
def asWkt(self):
    return "POINT Z({:.2f}, {:.2f}, {:.2f})".format(self.x(), self.y(), self.z())
```

15.3   Exercices : L'écosystème QGIS/Python

Les réponses aux exercices du chapitre L'écosystème QGIS/Python :

1. Installez *ScriptRunner 3* et *Plugin Builder 3* :

   a. Cliquez sur `Extensions->Installer/Gérer les extensions` dans le menu

   b. Cliquez sur l'onglet "Toutes" à gauche et utilisez le champ *Rechercher* à droite pour trouver chaque plugin

   c. Cliquez sur le bouton *Installer le plugin* pour installer chaque plugin

2. Localisez *ScriptRunner* et *Plugin Builder* dans le menu `Extensions` :

   — `Extensions->ScriptRunner->ScriptRunner`
   — `Extensions->Plugin Builder->Plugin Builder`

3. Utilisez la souris pour survoler chaque icône dans la barre d'outils `Extensions` afin de localiser chaque plugin

4. Désactivez *ScriptRunner* en utilisant le *Gestionnaire des extensions* :

   a. Cliquez sur `Extensions->Installer/Gérer les extensions` dans le menu

   b. Trouvez *ScriptRunner3* dans la liste des extensions, en utilisant le champ *Rechercher* si nécessaire.

   c. Cliquez dans la colonne des cases à cocher à gauche de *ScriptRunner 3*

   d. Examinez les modifications apportées au menu et à la barre d'outils

5. Au minimum, vous devriez trouver les plugins `scriptrunner3` et `pluginbuilder3` dans votre répertoire de plugins, ainsi que tous les autres plugins qui ont pu être installés. Pour trouver l'emplacement où sont installés vos plugins, reportez-vous à la rubrique Spécificités des plugins Python, page 60

15.4   *Exercices : Utilisation de la console*

Les réponses aux exercices du chapitre Utiliser la console :

1. Ouvrir la couche "world_borders" :

```
wb = iface.addVectorLayer('/data/world_borders.shp', 'world_borders', 'ogr')
```

2. Changez la couleur en vert avec une transparence de 50%. Vous devrez peut-être importer QColor pour que cela fonctionne :

```
from PyQt5.QtGui import QColor
renderer = wb.renderer()
symbol = renderer.symbol()
symbol.setColor(QColor(0, 255, 0))
symbol.setOpacity(0.5)
```

3. Mise à jour de la couche et de la légende

```
wb.triggerRepaint()
iface.layerTreeView().refreshLayerSymbology(wb.id())
```

15.5   *Exercices : Exécution de scripts*

Conseils pour résoudre les exercices du chapitre Exécution de scripts :

1. Utilisez la méthode *QgsVectorLayer.isValid()* pour déterminer si une couche est valide et répondre en conséquence.
2. La méthode *change_color* doit accepter une valeur de couleur comme argument. Tester la couleur pour voir si elle contient des virgules, et si c'est le cas, supposer qu'il s'agit d'une chaîne RGBA :

```
if ',' in color:
    (red, green, blue, alpha) = color.split(',')
    new_color = QColor.fromRgb(int(red), int(green), int(blue), int(alpha))
    transparency = new_color.alpha() / 255.0
else:
    new_color = QColor(color)
    transparency = None
```

Utilisez *symbol.setColor* pour définir la nouvelle couleur et si la transparence n'a pas la valeur None, utilisez *symbol.setOpacity* pour définir la transparence.

3. Modifier *load_layer* pour accepter un nom de chemin comme argument. Modifiez la création de l'objet *QgsVectorLayer* pour utiliser le chemin et le nom de base du fichier comme étiquette dans la légende (Indice : utilisez *os.path.basename*).

4. Crédit supplémentaire. Astuce : utilisez *iface.addRasterLayer*.

15.6   Exercices : Conseils et techniques

1. Vous trouverez `qgis.utils.py` dans le même répertoire que `qgis.core` et `qgis.gui`.

2. Utilisez la méthode URI trouvée dans Section 9.1, Couches mémoire, page 109.

3. Crédit supplémentaire—on vous invite à vous débrouiller tout seul.

4. Utilisez *QInputDialog.getText* pour obtenir le nouveau nom, puis récupérez l'objet (*QgsFeature*) pour la caractéristique sélectionnée. Modifiez le nom et mettez à jour la table d'attributs en utilisant la méthode du fournisseur de données. Voir Section 9.6, Edition directe des attributs, page 124 pour des conseils.

15.7   Exercices : Extension de l'API

1. Ajouter un contrôle d'erreur pour les couleurs invalides. Rechercher d'autres problèmes qui nécessitent un traitement.

2. Crédit supplémentaire—on vous invite à vous débrouiller tout seul.

3. Utilisez les informations contenues dans Section 9.4, Travailler avec la symbologie, page 114 pour créer le remplissage et l'appliquer.

4. Voir Section 9.3, Utilisation de bases de données, page 113 pour des conseils sur la façon de construire l'URI.

5. Voir Section 9.1, Chargement des couches vectorielles, page 107.

15.8   Exercices : Développement des plugins

Réponses/conseils aux exercices du chapitre Développement des plugins :

1. Ajouter des spécificateurs de format à

   ```
   coords = "{}, {}".format(point.x(), point.y())
   ```

   dans la fonction *display_point*.

2. En utilisant Qt Designer, supprimez le "widget Line Edit" et remplacez-le par un "widget Label". Modifiez le code pour référencer le nouveau widget dans la fonction *display_point*. Assurez-vous de compiler vos changements d'interface utilisateur en utilisant `pyuic5`.

3. Utilisez la méthode *setSelection* de *QLabel* pour sélectionner le texte lorsque le nouveau *QToolButton* est cliqué, puis copiez-le dans le presse-papiers en utilisant QClipboard. Vous devrez connecter le signal *triggered* du bouton à une nouvelle méthode qui sélectionne le texte et le copie dans le presse-papiers. Testez votre travail en le collant dans votre éditeur de texte.

4. Utilisez Qt Designer pour appliquer une disposition en grille à votre dialogue. Sauvegardez les changements, compilez l'interface utilisateur en utilisant `pyuic5`, puis testez le plugin.

5. Un crédit supplémentaire—sauvegarder les coordonnées trouvées dans *self.userPos* en utilisant *QSettings*, puis les restaurer dans *WhereAmI.__init__*.

15.9   Exercices : Implémenter une application

Réponses/conseils au chapitre Développer une application autonome :

1. Utilisez la méthode *setWindowTitle* de l'objet fenêtre principale pour définir le titre dans `our_app.py` :

   ```
   mw.setWindowTitle('Mon joli titre')
   ```

2. Utilisez le code de *zoom_in* comme exemple pour ajouter d'autres outils supplémentaires. Souvenez-vous de créer une *QAction* pour

chaque outil et de la connecter à une méthode qui appelle *self.map_canvas.setMapTool*.

3. Créez une *QAction* pour charger un fichier shapefile et ajoutez-la à la barre d'outils. Connectez l'outil à une méthode qui utilise *QFileDialog.getOpenFileName* pour obtenir le chemin de l'utilisateur, puis appelez *add_ogr_layer* en utilisant ce chemin.

4. Créez une *QAction* pour la sauvegarde dans un fichier image et connectez-la à une méthode qui utilise *QgsMapCanvas.saveAsImage* pour l'enregistrer.

5. Utilisez la même méthodologie qu'au point 2 pour ajouter l'outil.

6. Astuce : vous devrez créer une couche temporaire pour les lignes. Les marqueurs peuvent être ajoutés à QgsVertexMarkers comme discuté dans le chapitre *Conseils et techniques*

Annexe A : Liste de code source

Vous pouvez télécharger tous les codes répertoriés dans ce livre à l'adresse suivante https://locatepress.com/ppg3/data_code.

16.1 wrapper.py

Listing 16.1 – wrapper.py

```python
1   import os
2   import sys
3
4   from PyQt5.QtGui import QColor
5
6   from qgis.utils import iface
7   from qgis.core import QgsProject
8
9   from osgeo import ogr
10  from osgeo import gdal
11
12  sys.path.append(os.path.dirname(os.path.realpath(__file__)))
13
14
15  def addLayer(uri, name=None):
16      """ Generic attempt to add a layer by attempting to
17          open it in various ways"""
18      # Essayer d'ouvrir en utilisant ogr
19      lyr = ogr.Open(uri)
20      if lyr:
21          return addOgrLayer(uri, name)
22      else:
23          # Essayer d'ouvrir en utilisant gdal
24          lyr = gdal.Open(uri)
25          if lyr:
26              return addGdalLayer(uri, name)
```

```
27          else:
28              return None
29
30
31  def addOgrLayer(layerpath, name=None):
32      """ Add an OGR layer and return a reference to it.
33          If name is not passed, the filename will be used
34          in the legend.
35
36          User should check to see if layer is valid before
37          using it."""
38      if not name:
39          (path, filename) = os.path.split(layerpath)
40          name = filename
41
42      return iface.addVectorLayer(layerpath, name, 'ogr')
43
44
45  def addGdalLayer(layerpath, name=None):
46      """"Add a GDAL layer and return a reference to it"""
47      if not name:
48          (path, filename) = os.path.split(layerpath)
49          name = filename
50
51      return iface.addRasterLayer(layerpath, name)
52
53
54  def removeLayer(layer):
55      QgsProject.instance().removeMapLayer(layer.id())
56      iface.mapCanvas().refresh()
57
58
59  def createRGBA(color):
60      (red, green, blue, alpha) = color.split(',')
61      return QColor.fromRgb(int(red), int(green), int(blue), int(alpha))
62
63
64  def changeColor(layer, color):
65      """ Change the color of a layer using
66          Qt named colors, RGBA, or hex notation."""
67      if ',' in color:
68          # assume rgba color
69          color = createRGBA(color)
70          transparency = color.alpha() / 255.0
71      else:
72          color = QColor(color)
73          transparency = None
74
75      renderer = layer.renderer()
76      symb = renderer.symbol()
```

```
77    symb.setColor(color)
78    if transparency:
79        symb.setOpacity(transparency)
80    layer.triggerRepaint()
81    iface.layerTreeView().refreshLayerSymbology(layer.id())
```

16.2   Plugin WhereAmI

Listing 16.2 – __init__.py

```
1   # -*- coding: utf-8 -*-
2   """
3   /***************************************************************************
4    WhereAmI
5                                A QGIS plugin
6    Show location of a click on the map
7                                -------------------
8         begin                : 2017-10-27
9         copyright            : (C) 2017 by GeoApt LLC
10        email                : gsherman@geoapt.com
11        git sha              : $Format:%H$
12    ***************************************************************************/
13
14   /***************************************************************************
15    *
     *
16    *   This program is free software; you can redistribute it and/or modify
     *
17    *   it under the terms of the GNU General Public License as published by
     *
18    *   the Free Software Foundation; either version 2 of the License, or
     *
19    *   (at your option) any later version.
     *
20    *
     *
21    ***************************************************************************/
22    This script initializes the plugin, making it known to QGIS.
23   """
24
25
26   # noinspection PyPep8Naming
27   def classFactory(iface):  # pylint: disable=invalid-name
28       """Load WhereAmI class from file WhereAmI.
29
30       :param iface: A QGIS interface instance.
31       :type iface: QgsInterface
32       """
33       #
```

```
34    from .whereami import WhereAmI
35    return WhereAmI(iface)
```

Listing 16.3 – whereami.py

```
1   # -*- coding: utf-8 -*-
2   """
3   /***************************************************************************
4    WhereAmI
5                                    A QGIS plugin
6    Show location of a click on the map
7                                  -------------------
8        begin                : 2017-10-27
9        git sha              : $Format:%H$
10       copyright            : (C) 2017 by GeoApt LLC
11       email                : gsherman@geoapt.com
12   ***************************************************************************/
13
14   /***************************************************************************
15    *
16    *   This program is free software; you can redistribute it and/or modify
17    *   it under the terms of the GNU General Public License as published by
18    *   the Free Software Foundation; either version 2 of the License, or
19    *   (at your option) any later version.
20    *
21    ***************************************************************************/
22   """
23   from PyQt5.QtCore import QSettings, QTranslator, qVersion, QCoreApplication
24   from PyQt5.QtGui import QIcon
25   from PyQt5.QtWidgets import QAction
26   from qgis.gui import QgsMapToolEmitPoint
27
28   # Initialiser les ressources Qt a partir du fichier resources.py
29   from .resources import *
30   # Importer le code pour le dialogue
31   from .whereami_dialog import WhereAmIDialog
32   import os.path
33
34
35   class WhereAmI:
36       """QGIS Plugin Implementation."""
37
38       def __init__(self, iface):
39           """Constructor.
```

```
40
41        :param iface: An interface instance that will be passed to this class
42            which provides the hook by which you can manipulate the QGIS
43            application at run time.
44        :type iface: QgsInterface
45        """
46        # Enregistrer la reference a l'interface QGIS
47        self.iface = iface
48        # Initialiser le repertoire des plugins
49        self.plugin_dir = os.path.dirname(__file__)
50
51        # Conserver la reference au canevas de la carte
52        self.canvas = self.iface.mapCanvas()
53
54        # Creer l'outil carte en utilisant la reference du canevas
55        self.point_tool = QgsMapToolEmitPoint(self.canvas)
56
57        self.point_tool.canvasClicked.connect(self.display_point)
58
59        # Initialiser la locale
60        locale = QSettings().value('locale/userLocale')[0:2]
61        locale_path = os.path.join(
62            self.plugin_dir,
63            'i18n',
64            'WhereAmI_{}.qm'.format(locale))
65
66        if os.path.exists(locale_path):
67            self.translator = QTranslator()
68            self.translator.load(locale_path)
69
70            if qVersion() > '4.3.3':
71                QCoreApplication.installTranslator(self.translator)
72
73        # Creer le dialogue (apres traduction) et garder la reference
74        self.dlg = WhereAmIDialog()
75
76        # Declarer les attributs d'instance
77        self.actions = []
78        self.menu = self.tr(u'&Where Am i?')
79        # TODO: Nous allons laisser l'utilisateur configurer cela dans une prochaine iteration
80        self.toolbar = self.iface.addToolBar(u'WhereAmI')
81        self.toolbar.setObjectName(u'WhereAmI')
82
83    # noinspection PyMethodMayBeStatic
84    def tr(self, message):
85        """Get the translation for a string using Qt translation API.
86
87        We implement this ourselves since we do not inherit QObject.
88
89        :param message: String for translation.
```

```
90          :type message: str, QString
91
92          :returns: Translated version of message.
93          :rtype: QString
94          """
95          # noinspection PyTypeChecker,PyArgumentList,PyCallByClass
96          return QCoreApplication.translate('WhereAmI', message)
97
98
99      def add_action(
100         self,
101         icon_path,
102         text,
103         callback,
104         enabled_flag=True,
105         add_to_menu=True,
106         add_to_toolbar=True,
107         status_tip=None,
108         whats_this=None,
109         parent=None):
110         """Add a toolbar icon to the toolbar.
111
112         :param icon_path: Path to the icon for this action. Can be a resource
113             path (e.g. ':/plugins/foo/bar.png') or a normal file system path.
114         :type icon_path: str
115
116         :param text: Text that should be shown in menu items for this action.
117         :type text: str
118
119         :param callback: Function to be called when the action is triggered.
120         :type callback: function
121
122         :param enabled_flag: A flag indicating if the action should be enabled
123             by default. Defaults to True.
124         :type enabled_flag: bool
125
126         :param add_to_menu: Flag indicating whether the action should also
127             be added to the menu. Defaults to True.
128         :type add_to_menu: bool
129
130         :param add_to_toolbar: Flag indicating whether the action should also
131             be added to the toolbar. Defaults to True.
132         :type add_to_toolbar: bool
133
134         :param status_tip: Optional text to show in a popup when mouse pointer
135             hovers over the action.
136         :type status_tip: str
137
138         :param parent: Parent widget for the new action. Defaults None.
139         :type parent: QWidget
```

```
40
41          :param whats_this: Optional text to show in the status bar when the
42              mouse pointer hovers over the action.
43
44          :returns: The action that was created. Note that the action is also
45              added to self.actions list.
46          :rtype: QAction
47          """
48
49          icon = QIcon(icon_path)
50          action = QAction(icon, text, parent)
51          action.triggered.connect(callback)
52          action.setEnabled(enabled_flag)
53
54          if status_tip is not None:
55              action.setStatusTip(status_tip)
56
57          if whats_this is not None:
58              action.setWhatsThis(whats_this)
59
60          if add_to_toolbar:
61              self.toolbar.addAction(action)
62
63          if add_to_menu:
64              self.iface.addPluginToMenu(
65                  self.menu,
66                  action)
67
68          self.actions.append(action)
69
70          return action
71
72      def initGui(self):
73          """Create the menu entries and toolbar icons inside the QGIS GUI."""
74
75          icon_path = ':/plugins/whereami/whereami.png'
76          self.add_action(
77              icon_path,
78              text=self.tr(u'Where Am I?'),
79              callback=self.run,
80              parent=self.iface.mainWindow())
81
82
83      def unload(self):
84          """Removes the plugin menu item and icon from QGIS GUI."""
85          for action in self.actions:
86              self.iface.removePluginMenu(
87                  self.tr(u'&Where Am i?'),
88                  action)
89              self.iface.removeToolBarIcon(action)
```

```
190          # Supprimer la barre d'outils
191          del self.toolbar
192
193
194      def run(self):
195          """Run method that performs all the real work"""
196          # Definir notre point_tool comme etant l'outil cartographique actuel
197          self.canvas.setMapTool(self.point_tool)
198
199      def display_point(self, point, button):
200          # Rapporter les coordonnees de la carte a partir d'un clic sur le cane
201          self.dlg.hide()
202          coords = "{}, {}".format(point.x(), point.y())
203          self.dlg.lineEdit.setText(coords)
204          if self.dlg.user_pos is not None:
205              # Obtenir le decalage de la geometrie du cadre
206              offset = self.dlg.geometry().y() - self.dlg.frameGeometry().y()
207              self.dlg.move(self.dlg.user_pos.x(), self.dlg.user_pos.y() - offse
208          self.dlg.show()
```

Listing 16.4 – whereami_dialog.py

```
1   # -*- coding: utf-8 -*-
2   """
3   /***************************************************************************
4    WhereAmIDialog
5                                    A QGIS plugin
6    Show location of a click on the map
7                                -------------------
8          begin                : 2017-10-27
9          git sha              : $Format:%H$
10         copyright            : (C) 2017 by GeoApt LLC
11         email                : gsherman@geoapt.com
12    ***************************************************************************/
13
14   /***************************************************************************
15    *
16    *   This program is free software; you can redistribute it and/or modify
17    *   it under the terms of the GNU General Public License as published by
18    *   the Free Software Foundation; either version 2 of the License, or
19    *   (at your option) any later version.
20    *
21    ***************************************************************************/
22   """
```

```
23
24  import os
25
26  from PyQt5 import uic
27  from PyQt5 import QtWidgets
28
29  FORM_CLASS, _ = uic.loadUiType(os.path.join(
30      os.path.dirname(__file__), 'whereami_dialog_base.ui'))
31
32
33  class WhereAmIDialog(QtWidgets.QDialog, FORM_CLASS):
34      def __init__(self, parent=None):
35          """Constructor."""
36          super(WhereAmIDialog, self).__init__(parent)
37          # Configurer l'interface utilisateur a partir du Designer.
38          # Apres le setupUI, vous pouvez acceder a n'importe quel objet
39          # du designer en faisant
40          # self.<objectname>, aet vous pouvez utiliser des slots d'auto-
41          # connexion - voir
42          # http://qt-project.org/doc/qt-4.8/designer-using-a-ui-file.html
43          # #widgets-and-dialogs-with-auto-connect
44          self.setupUi(self)
45
46          self.user_pos = None
47
48      def moveEvent(self, event):
49          self.user_pos = event.pos()
```

Listing 16.5 – resources.qrc

```
1  <RCC>
2      <qresource prefix="/plugins/whereami" >
3          <file>whereami.png</file>
4      </qresource>
5  </RCC>
```

16.3 Application autonome

Voici le code final de notre application autonome.

Listing 16.6 – our_app_3.py

```
1  from PyQt5.QtWidgets import QApplication
2  from qgis.core import QgsApplication
3
4  from ourmainwindow_3 import OurMainWindow
5
6  app = QApplication([])
7  # Configurer QGIS
```

```
8   QgsApplication.setPrefixPath("/Users/gsherman/apps/QGIS.app/Contents/MacOS", Tr
9   QgsApplication.initQgis()
10
11  # éDfinir la êfentre principale et l'afficher
12  mw = OurMainWindow()
13  mw.show()
14
15  app.exec_()
16
17  # "Supprimer" notre êfentre principale
18  mw = None
19  # Nettoyer QGIS
20  QgsApplication.exitQgis()
```

Listing 16.7 – ourmainwindow_3.py

```
1   import os
2
3   from PyQt5.QtWidgets import (QFrame, QGridLayout, QMainWindow, QAction,
4                                QActionGroup, QMessageBox)
5   from PyQt5.QtGui import QIcon
6   from qgis.gui import QgsMapCanvas, QgsMapToolZoom
7   from qgis.core import QgsProject, QgsVectorLayer
8
9   from map_tool import ConnectTool
10
11  import resources
12
13
14  class OurMainWindow(QMainWindow):
15      def __init__(self):
16          QMainWindow.__init__(self)
17
18          self.setupGui()
19          self.project = QgsProject()
20
21          self.add_ogr_layer('/data/pyqgis_data/alaska.shp')
22          self.map_canvas.zoomToFullExtent()
23
24      def setupGui(self):
25          frame = QFrame(self)
26          self.setCentralWidget(frame)
27          self.grid_layout = QGridLayout(frame)
28
29          self.map_canvas = QgsMapCanvas()
30          self.grid_layout.addWidget(self.map_canvas)
31
32          # Configurer les actions
33          self.zoomin_action = QAction(
34              QIcon(":/ourapp/zoomin_icon"),
```

```python
35              "Zoom In",
36              self)
37          self.zoomin_action.setCheckable(True)
38
39          self.connect_action = QAction(
40              QIcon(":/ourapp/connect_icon"),
41              "Connect",
42              self)
43          self.connect_action.setCheckable(True)
44
45          # Creer la barre d'outils
46          self.toolbar = self.addToolBar("Map Tools")
47          self.toolbar.addAction(self.zoomin_action)
48          self.toolbar.addAction(self.connect_action)
49
50          # Connecter les actions
51          self.zoomin_action.triggered.connect(self.zoom_in)
52          self.connect_action.triggered.connect(self.connect_pt)
53
54          # Creer le(s) outil(s) cartographique(s)
55          self.tool_zoomin = QgsMapToolZoom(self.map_canvas, False)
56          self.tool_connect = ConnectTool(self.map_canvas)
57          self.tool_connect.line_complete.connect(self.connect_complete)
58
59          # Rendre les outils verifiables
60          tool_group = QActionGroup(self)
61          tool_group.addAction(self.zoomin_action)
62          tool_group.addAction(self.connect_action)
63
64      def add_ogr_layer(self, path):
65          (name, ext) = os.path.basename(path).split('.')
66          layer = QgsVectorLayer(path, name, 'ogr')
67          self.project.addMapLayer(layer)
68          self.map_canvas.setLayers([layer])
69
70      def zoom_in(self):
71          self.map_canvas.setMapTool(self.tool_zoomin)
72          self.zoomin_action.setChecked(True)
73
74      def connect_pt(self):
75          self.map_canvas.setMapTool(self.tool_connect)
76          self.connect_action.setChecked(True)
77
78      def connect_complete(self, pt1, pt2):
79          # Creer la ligne a partir des points
80          QMessageBox.information(None,
81                                  "Connect Tool",
82                                  "Creating line from %s to %s"
83                                  % (pt1.toString(), pt2.toString()))
```

Listing 16.8 – map_tool.py

```python
from PyQt5.QtCore import pyqtSignal, Qt
from PyQt5.QtGui import QColor
from qgis.core import QgsGeometry, QgsPointXY
from qgis.gui import QgsMapToolEmitPoint, QgsRubberBand


class ConnectTool(QgsMapToolEmitPoint):
    """ Map tool to connect points."""

    line_complete = pyqtSignal(QgsPointXY, QgsPointXY)
    start_point = None
    end_point = None
    rubberband = None

    def __init__(self, canvas):
        self.canvas = canvas
        QgsMapToolEmitPoint.__init__(self, canvas)

    def canvasMoveEvent(self, event):
        if self.start_point:
            point = self.toMapCoordinates(event.pos())
            if self.rubberband:
                self.rubberband.reset()
            else:
                self.rubberband = QgsRubberBand(self.canvas, False)
                self.rubberband.setColor(QColor(Qt.red))
            # Definir la geometrie du contour d'edition
            points = [self.start_point, point]
            self.rubberband.setToGeometry(QgsGeometry.fromPolylineXY(points),
                                          None)

    def canvasPressEvent(self, e):
        if self.start_point is None:
            self.start_point = self.toMapCoordinates(e.pos())
        else:
            self.end_point = self.toMapCoordinates(e.pos())
            # Detruire le contour d'edition
            self.rubberband.reset()
            # La ligne est achevee, émettre un signal
            self.line_complete.emit(self.start_point, self.end_point)
            # Reinitialiser les points
            self.start_point = None
            self.end_point = None
```

Listing 16.9 – resources.qrc

```xml
<RCC>
    <qresource prefix="/ourapp" >
        <file alias="zoomin_icon">resources/mActionZoomIn.png</file>
```

```
4          <file alias="connect_icon">resources/mIconConnect.png</file>
5      </qresource>
6  </RCC>
```

7 Index

About Locate Press

Locate Press is a book publisher, focusing on the open source geospatial niche. Many traditional publishers see geospatial books as either scientific content or geared primarily toward consumers. Unfortunately, this means they don't give them the long term care they truly deserve. With more and more technical users using open source geospatial technology (for a wide variety of reasons!), now, more than ever, you need comprehensive and reliable education and training resources.

You've come to the right place!

We know that niche is not a swear word, but a marketplace that needs serious support. Geospatial data management is a core technology for government and business, making practical teaching materials for industry and higher education crucial. We also know that reliable availability of material is key. Our books, once available, remain available long after the first few thousand are sold so that you can depend on them for course material and reference long into the future.

If you are an educator looking for high quality curriculum, we would like to hear from you. Aside from training books, we also aim to provide workshop guides and exercise booklets that you can use in your courses!

Academia is not the only place for learning and training, so Locate Press supports consultants delivering workshops and seminars. If you have solid, practical material that needs some professional polish, give us a call. Likewise, if you need bulk orders to serve your students, or to resell, we can help there too.

Locate Press was founded by Tyler Mitchell in 2012, it's flagship book being *The Geospatial Desktop* by Gary Sherman. In 2013 Gary Sherman took over the helm as publisher, guiding the company until 2021 when Locate Press returned to Tyler.

Writing for Locate Press

Are you passionate about open source software? Have an uncontrollable urge to share your knowledge with the world?

At Locate Press we're looking for books that open up the world of geospatial. We love concise, targeted titles that help people expand their knowledge and get up to speed quickly. That being said, we don't go around with blinders on—we're open to other leading edge topics related to open source.

We help put your ideas into book form, getting your expertise on paper and in print. Don't let the process scare you, we're here to guide and help all along the way—from outline to print-ready copy.

ORDER DIRECT AND SAVE UP TO 30%

Our paperbacks can be ordered directly from us with bulk discounts on 5, 10, and 25+ units: store.locatepress.com

We print in countries that are closest to you and can deliver almost anywhere. Our print books also sell through Amazon or Ingram.

E-books (PDF) are ordered and downloaded directly from locatepress.com/ebooks

Educators contact us for desk/review copies:
+1 (250) 303-1831 or
tyler@locatepress.com

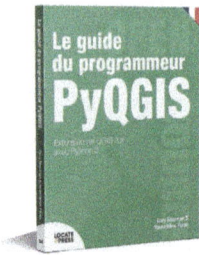

Le guide du programmeur PyQGIS
Gary Sherman, Noureddine Farah

Spatial SQL
Matthew Forrest

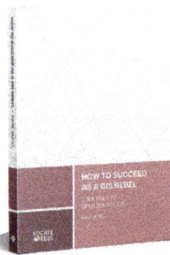

How to Succeed as a GIS Rebel
Mark Seibel

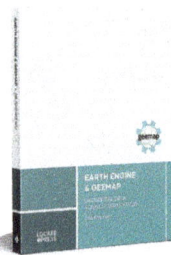

Earth Engine & Geemap
Qiusheng Wu

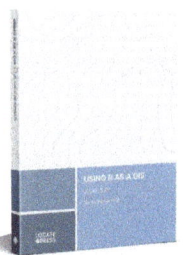

Using R as a GIS
Dr. Nick Bearman

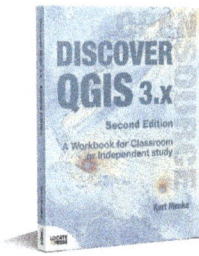

Discover QGIS 3.x - 2nd Edition
Kurt Menke

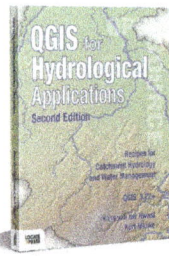

QGIS for Hydrological Applications - 2nd Edition
Hans van der Kwast & Kurt Menke

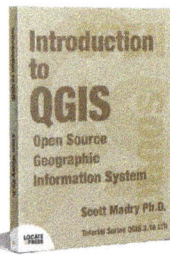

Introduction to QGIS
Scott Madry Ph.D.

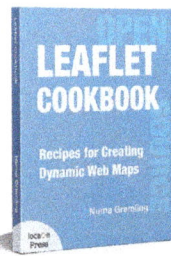

Leaflet Cookbook
Numa Gremling

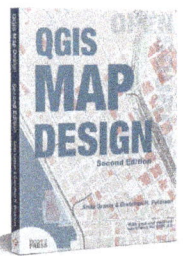

QGIS Map Design - 2nd Edition
Anita Graser & Gretchen N. Peterson

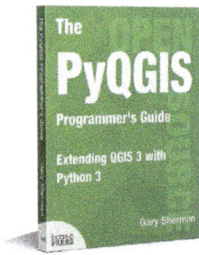

The PyQGIS Programmer's Guide 3
Gary Sherman

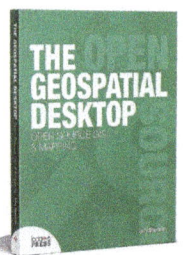

pgRouting
Regina O. Obe & Leo S. Hsu

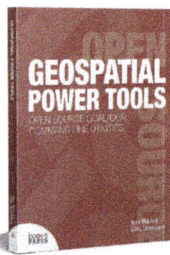

Geospatial Power Tools
Tyler Mitchell, GDAL Developers

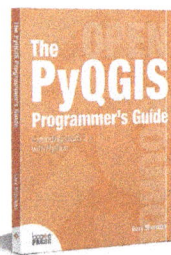

The PyQGIS Programmer's Guide
Gary Sherman

The Geospatial Desktop
Gary Sherman

locatepress.com

LOCATE PRESS
OPEN SOURCE
GEOSPATIAL | BOOKS

📞 +1 (250) 303-1831   ✉ tyler@locatepress.com

www.ingramcontent.com/pod-product-compliance
Lightning Source LLC
Chambersburg PA
CBHW050105220326
41598CB00043B/7390